中文翻译版

全球灾难性生物风险
Global Catastrophic Biological Risks

主 编 〔美〕托马斯·V. 英格斯比（Thomas V. Inglesby）
　　　 〔美〕阿梅什·A. 阿达尔贾（Amesh A. Adalja）
主 译 张 音

科学出版社
北 京

图字：01-2024-1348号

内 容 简 介

　　研究全球灾难性生物风险，能够预测可能引起传染病暴发的微生物，并及时降低或消除疫情相关风险。本书总结归纳了最有可能引起流行病和全球灾难的微生物特征，回顾了真菌界造成的全球灾难性威胁，深入分析了青蒿素耐药型疟疾的产生原因，从而提出防止传染病的暴发演变为灾难性级别、利用分子生物学和基因组学技术阻止疾病传播，以及低收入国家如何应对灾难性风险的思路和方法，并引发生物技术的发展是否会带来灾难性风险的思考，进而倡导公私合作以缓解灾难性生物风险及其影响。

　　本书从微生物学、流行病学、经济学及社会学角度解读了全球灾难性生物风险，为对此感兴趣的研究人员提供基于事实的思考框架。

图书在版编目 (CIP) 数据

全球灾难性生物风险 /（美）托马斯·V. 英格斯比（Thomas V. Inglesby），（美）阿梅什·A. 阿达尔贾（Amesh A. Adalja）主编；张音主译. —北京：科学出版社，2024.3

书名原文：Global Catastrophic Biological Risks

ISBN 978-7-03-078317-2

Ⅰ . ①全… Ⅱ . ①托… ②阿… ③张… Ⅲ . ①有害植物－植物检疫－风险分析②有害动物－动物检疫－风险分析 Ⅳ . ① S40

中国国家版本馆 CIP 数据核字 (2024) 第 062147 号

责任编辑：杨小玲 张艺璇 / 责任校对：张小霞
责任印制：肖 兴 / 封面设计：吴朝洪

First published in English under the title
Global Catastrophic Biological Risks
edited by Tom Inglesby and Amesh Adalja, edition: 1
Copyright © Springer Nature Switzerland AG, 2019
This edition has been translated and published under licence from
Springer Nature Switzerland AG

科 学 出 版 社 出版
北京东黄城根北街 16 号
邮政编码：100717
http://www.sciencep.com

北京中科印刷有限公司印刷
科学出版社发行　各地新华书店经销
*
2024 年 3 月第 一 版　开本：720×1000　1/16
2024 年 3 月第一次印刷　印张：8
字数：150 000

定价：88.00 元
（如有印装质量问题，我社负责调换）

译 者 名 单

主 译　张 音
译 者　刘 伟　陈　婷　史新迪　闫群娇

前　言

通过本书，我们组织了一个专家团队，研究了全球灾难性生物风险（global catastrophic biological risks，GCBR）的各个方面。GCBR是一种特殊类型的传染病突发事件，面对GCBR的席卷之势，政府部门、国际组织和卫生系统的应对能力都显得捉襟见肘。GCBR的破坏性极大，可导致重大生命损失，并在整个社会引起重大连锁影响。

GCBR规模巨大、结构复杂，分析起来极具挑战性。1918年流感大流行就是一个具体案例，由此能看出GCBR给世界带来的后果。2019年肆虐全球的新冠病毒，虽然其毒力仅为1918年流感病毒的一半，但所致生命损失却更为严重，而且极有可能引起全世界经济社会结构的改变。

本书在探讨GCBR的应对策略时，暂不考虑致病微生物具体是什么。我们在一些章节阐述了真菌、青蒿素耐药型疟疾带来的威胁，讨论了此类威胁的应对原则。我们还在另一些章节探讨了流行病监测的首要因素、特大城市的职能，以及生物技术危险，并给出了重要的框架，让我们一起探究、思考这些威胁。还有一章内容阐述了公私合作伙伴关系在构建疫情复原力方面的特殊作用。

我们希望这本书能成为有用的资源，以提供给对这一主题感兴趣的多学科研究人员，从而进一步激发创新思维、推进研究日程、提升疫情应对水平、完善疫情应对工作，以期及时降低并消除GCBR的风险。

Thomas V. Inglesby

Amesh A. Adalja

美国马里兰州巴尔的摩

目 录

第一章
最有可能引起流行病和全球灾难的微生物特征

Amesh A. Adalja，Matthew Watson，Eric S. Toner，Anita Cicero，Thomas V. Inglesby

目　录

1　引言 ·· 2
2　方法 ·· 3
3　调查结果 ·· 3
   3.1　微生物的特定属性，很可能是全球灾难性生物风险的最重要的因素 ············ 3
   3.2　RNA病毒是一类可以引起GCBR的微生物，但其他类别的微生物通过演化或基因
      工程加工也可以造成上述风险 ··· 5
   3.3　细菌所致流行病：广谱抗生素对病原菌的潜在流行起到抑制作用 ··············· 6
   3.4　病毒分类法虽然具有科学价值，但其本身无法用来预测下次流行 ··············· 9
   3.5　若不断增加传染病综合征具体诊断的例数，即可得到有价值的信息，就会有更多
      的机会识别出那些能引起重大流行病或大流行的病原体 ····························· 9
   3.6　人为因素和/或灾情复杂性的出现，对某些病原体的流行推波助澜，达到GCBR规模 ··· 10
4　推荐意见 ·· 11
   4.1　在疫情流行和全球灾难性生物风险的防范准备方面，要了解那些威胁程度最高的微
      生物的特性 ·· 11
   4.2　以病原体为基准的方法与范例并不足以应对大流行和灾难性生物风险 ········· 11
   4.3　加强对呼吸道传播RNA病毒在人类感染的监测，是更应优先考虑的事项 ······· 12
   4.4　要更加重视针对RNA呼吸道病毒的多种抗病毒药物（包括广谱药物和针对具体病毒
      的药物）特殊生产线的研发，这样即可增加对那些造成疫情大流行和全球灾难性生
      物风险的微生物的抵御能力 ·· 12

A. A. Adalja，M. Watson，E.S.Toner，A. Cicero，T.V. Inglesby
约翰斯·霍普金斯健康安全中心，地址：621 E. Pratt Street Suite 201
Baltimore，MD 21202，USA
e-mail: aadalja1@jhu.edu
Current Topics in Microbiology and Immunology，（2019）424：1-20
https：//doi.org/10.1007/82_2019_176
© Springer Nature Switzerland AG 2019
线上发表日期：2019年8月30日

摘要　要准确预测哪种病原体会引起疫情流行且具有最高的全球灾难性生物风险（GCBR），实在是一项艰巨的任务。很多预测方法都是回顾性的，且建立在既往流行病的基础之上。使用这样的预测方法可能无法探测到鲜有先例的新发危险。本文基于本团队的研究项目，提出了应对疫情的新范例。这一新范例旨在寻求特定类别微生物的实际属性，其中又有哪些导致疫情暴发的根本因素，继而给出有针对性的防范意见，以加强并提升疫情的防备工作。

1　引言

近期全球严重传染病的流行，丰富了人们应对疫情的经验，也引起人们对疫情威胁的广泛关注。疫情与生物威胁的应对工作很大程度上根植于基础方法，这些方法往往基于既往疫情、历史上生物武器研发计划、近期的新发传染病暴发（如SARS、MERS、埃博拉病毒病）（美国疾病控制与预防中心，2017；Casadevall，Relman，2010）。但是，此类方法从本质上讲，无法整合目前尚不明确、没有历史先例的要素。这样一来，如果将应对工作仅仅局限于上述方法，就会妨碍应对的完备性，削弱应对的潜力。

本研究旨在分析那些能够导致全球灾难性生物风险（GCBR）的病原体的特征。这些灾难性事件是指某些病原体，无论是自然生发的还是再度出现的、有意制造的还是故意散播的、经实验室重组的还是从实验室逃逸的，能够引起突然、重大、广泛的灾难事件，超出了各国政府、国际组织及私人机构携手应对的能力。若不加以管控，GCBR将引起巨大的痛苦、生命的损失，对国家、政府、国际关系、经济与社会的稳定、全球安全等造成持续损害（Schoch-Spana等，2017）。

由于疫情有可能对公共卫生造成严重后果，所以建立并维持协调一致、迅速稳固的应对能力，具有重要意义。

只要对有可能造成传染病疫情的微生物种类进行准确预测，就能做到有备无患、轻松应对。本文构建了针对未来疫情威胁的考量体系，并讲解了如何使用这一体系来整合信息，用于疫情的防范准备。

2　方法

项目组对已发表文献和既往报告进行综述：我们调阅了新发感染性疾病特征、微生物的致病能力及相关方面的现有生物医学文献。文献综述暂不考虑具体微生物和特定种系，而是涵盖了所有类别的微生物和宿主种系。对上述主题在PubMed进行了广泛检索，并审阅了相关的美国政府的方针政策。

人物访谈：本项目组采访了120多位在该领域工作且对该领域非常了解的技术专家。受访者来自学术界、实业界和政府部门。访谈的目的是明确专家们对下列问题的看法：病原体需要具备哪些关键特质才能导致GCBR？如何根据这些特质来分析历史上的疫情暴发事件？现在有哪些传染性疾病具备此类特质？

流行病病原体专题会议：项目组在完成了前期分析工作的基础上，整合了文献综述和专家访谈的结果。根据上述结果，2017年11月9日我们召开了一次会议，本项目的受访者有多人参会。会议在马里兰州巴尔的摩的约翰斯·霍普金斯健康安全中心举行。会议旨在收获更深洞见，并将其纳入项目分析之中，对各种假设进行检查，对可能的推荐意见加以检验。与会者包括美国和美国以外的学术机构、联邦政府和其他独立主题专家。

本文内容正是基于项目结果，是项目报告的改版（约翰斯·霍普金斯健康安全中心，2018）。

3　调查结果

3.1　微生物的特定属性，很可能是全球灾难性生物风险的最重要的因素

3.1.1　流行病病原体的神秘力量

若某种病原体有能力造成大流行，就一定具备某些特点，这些特点是那些仅能造成人类散发或有限感染病例的微生物所缺乏的。这些特点包括：通过呼吸道传播；具备在症状出现前的潜伏期内进行传播的能力；无预存宿主免疫力；还有一些其他的固有微生物特点。Casadevall（Casadevall，2017）发现了许多此类特点，并且用公式予以表达。

3.1.2   传播模式

微生物拥有多种传播途径，从血液传播、体液传播，到媒介传播、粪口途径传播，再到呼吸道传播（包括空气传播和飞沫传播）等。若有持续不断的人际传播且不加管控，则每种传播模式都能造成大流行。但是，一些特定传播模式与其他模式相比更容易干预。例如，对于某种通过血液和体液传播的传染性疾病，只要采取手套、隔离衣这样的感染控制措施，即可成功阻断。

各种传播模式之中，呼吸道传播是最有可能导致大流行的传播模式。因为当简单而普遍的呼吸动作即可传播病原体时，要想采取措施阻断这种传播就非常困难。流感、百日咳、麻疹和鼻病毒的传播都证实了这一点（Herfst等，2017）。

与此相反，尽管通过粪口途径传播的病原体（如霍乱弧菌和甲肝病毒）确实能造成暴发流行，但通过较为容易的卫生基础设施建设，就足以扑灭疫情。

媒介传播导致的大流行，是非呼吸道传播的一种特殊情况。事实上，据推测唯一因微生物感染而导致的哺乳类动物灭绝事件，是锥虫的媒介传播导致的基督岛大鼠灭绝（Wyatt等，2008）。通过此类途径传播的疫情中，大部分的传播过程都受到媒介栖息地的限制，而媒介栖息地又受到了地理和气象条件的约束。人类能够做到免受媒介之害，也能改变居住地，但基督岛大鼠对此却无能为力。居住地、地理和气象条件，这些因素均可降低微生物通过媒介造成大流行的潜能。

由按蚊和伊蚊传播的微生物是个例外，不受上述媒介传播病毒的种种限制。按蚊和伊蚊因分布广泛，所以由它们传播的病原体导致大流行的可能性更大。例如，撒哈拉以南的非洲绝大部分地区都是传播疟疾的按蚊的滋生地，美国75%的县的居民以及世界一半人口经常接触伊蚊，而伊蚊正是高病毒血症黄病毒和α病毒的媒介。登革热、基孔肯雅热和寨卡热的传播证实了这种现象（Sinka等，2012；CDC，2017）。

3.1.3   传播的时间因素

感染期间某人传染性的出现时间和持续时间，对于疾病的传播来说具有重大意义。在疾病传播方面，应界定好那些在感染晚期才具有传染性的疾病，因为此类疾病患者病情严重，所以传播机会非常有限。另一方面，在症状出现以前、潜伏期内或仅有轻度症状时既已存在传染性的疾病，传播机会更大，这是因为感染者日常活动正常，没有或鲜有中断。

针对模拟疫情暴发的模型研究表明，是否将传播的时间因素纳入研究，可以决定能否控制疫情的暴发。若某种微生物在疾病尚处在潜伏期时就具有传染性，则其流行风险较高。历史印证了这一观点：天花是唯一从地球上消灭了的人类传染病，天花在潜伏期内不具有传染性（Fraser等，2004）。相反，诸如流感病毒之类的微生物在出现症状之前就具有传染性，临床症状有轻有重，传染范围广泛，则极难控制（Brankston等，2007）。

3.1.4 宿主群体因素和微生物固有致病特征

事实上，微生物致病性与宿主特征无法分割。正如Pirofski和Casadevall的宿主损伤体系所示，疾病是宿主免疫系统与微生物之间相互作用而构成的复合体（Pirofski，Casadevall，2008）。本文所采取的范式与上述体系一致，即将宿主特征和微生物致病性放在一起讨论。

某微生物若要造成GCBR规模的大流行，前提条件是人类群体中相当多的个体对该微生物不具备免疫力，从而有巨大的易感群体可被微生物感染。另外，也没有大量的足够有效的措施（如疫苗或抗微生物药物）可供使用。人畜共患病病原体也会导致免疫力的缺失。因此，微生物必须具备通过毒力因子、免疫伪装或其他特征来逃避宿主免疫反应的能力，从而导致增殖性感染。

此外，引起大流行的微生物可以利用广泛存在于人群中的人类受体，引起多人感染。受体也可能为微生物提供靶器官的趋向性，从而导致严重疾病的发生（例如，下呼吸道疾病和中枢神经系统疾病）。

1918年流感大流行的病死率低至2.5%，证明了病死率（CFR）不必太高，就可以引起GCBR。这是最接近当代实际人类GCBR的规模的事件（Taubenberger，Morens，2006）。CFR虽低却具备显著意义，这符合宿主密度阈值定理。根据这一公认的定理，杀死过多宿主的微生物将耗尽易感宿主，从而被消灭（Cressler等，2016）。上述理论虽然可能适用于与一个宿主物种有密切联系的病原体，但不适用于诸如阿米巴脑炎和霍乱（在某些情况下）之类的腐生病病原体，这些疾病可以感染并杀死宿主，但不会危害微生物自身未来的生存与传播。事实上，许多灭绝规模的两栖类传染病在本质上是腐生病，例如蝾螈和青蛙的乳糜病（Fisher，2017）。

另外，GCBR规模的事件不一定直接导致死亡。增殖效应（如风疹或寨卡病毒）或致癌效应（如HTLV-1）可对人类前景的方方面面带来极为不利的影响，因为它们可能显著缩短寿命，使出生率降低，最终可能导致人口骤减（Rasmussen等，2017；Tagaya，Gallo，2017）。

3.2 RNA病毒是一类可以引起GCBR的微生物，但其他类别的微生物通过演化或基因工程加工也可以造成上述风险

只要条件允许，任何微生物都能通过演化或基因工程导致GCBR。但是，目前GCBR的最常见原因是病毒，其中又以RNA病毒最为多见（Woolhouse等，2013）。

3.3　细菌所致流行病：广谱抗生素对病原菌的潜在流行起到抑制作用

在历史上，细菌造成的感染（如鼠疫）曾对人类造成了难以置信的影响（Raoult 等，2013）。但是，随着抗生素治疗的发展——首先是1935年研发出的磺胺类药物，然后是1942年研发出的青霉素——已经对细菌的播散能力形成极大的抑制作用，进而防止相关感染扩展成 GCBR 规模的流行。

另外，与病毒相比，细菌复制速度较慢，突变积累所需时间较长，这就使得细菌在传播方面远不如病毒那样厉害。例如，患者感染丙肝病毒后，病毒每天复制出的后代可达数万亿，相比之下造成鼠疫的病原菌鼠疫杆菌（*Yersinia pestis*）的倍增时间竟长达 1.25 小时（Neumann 等，1998；Deng 等，2002）。

多重耐药细菌引起的公共卫生危机事件非常令人警觉，这些细菌包括碳青霉烯类耐药肠杆菌及其他细菌（Logan，Weinstein，2017）。这些细菌播散威胁着整个现代医学的诊疗实践，可体现在从癌症化疗到关节置换术等许多方面，而目前对其治疗手段极其有限。但是，细菌的归因死亡率可变度较大，一般不能够有效感染免疫力正常者及非住院患者。因此，对公共卫生造成的总体影响有限。

也门和马达加斯加的霍乱和鼠疫暴发流行确实是突发公共卫生事件，但这些疫情反映出的恰恰是战争和供给不足造成的医疗基础结构的严重缺陷，而非实实在在的全球疫情风险（Qadri 等，2017；Roberts，2017）。

3.3.1　真菌：真菌存在热生长限制，这是对疫情暴发流行的约束

真菌是一种滋生繁多的病原体，其宿主往往在哺乳类动物之外。受真菌疫情影响的物种面临着实实在在的生存威胁，这可以从青蛙和蝾螈的食廉真菌病以及蛇真菌病的暴发流行中得到印证（Fisher，2017）。但是，真菌大多存在热限制，仅少数真菌能够感染哺乳动物这样的温血动物（Casadevall，2012）。事实上，据推测哺乳动物体内可能含有真菌滤器，哺乳动物之所以呈温血状态，部分原因正在于这种真菌滤器。适应哺乳动物的真菌可导致蝙蝠患上白鼻综合征，这是因为蝙蝠冬眠时呈低体温（Foley 等，2011）。

只有在宿主免疫受损的情况下，真菌对宿主的感染才具有严重破坏性。人类固有的免疫系统，时刻抵御着无数真菌孢子，这些真菌孢子就存在于一呼一吸之间的空气中。因此，许多地方性真菌病，如组织胞浆菌病或球孢子菌病，不会伤害到大多数受到感染但免疫能力完整的人。即使是新出现的真菌，如耳道假丝酵母菌和加特隐球酵母菌，在很大程度上也受到这一限制（Chowdhary 等，2017；CDC，2010）。最广泛的真菌疫情暴发之一，是直接将受污染的医疗产品注射到人类的脊柱区域而引发的真菌性脑膜炎，这是一种罕见的感染机制（Casadevall，Pirofski，2013）。

大多数真菌呈腐生性，不依赖也不需要哺乳类宿主。热适应只有在蓄意人为

的情况下才会出现，若无热适应，大多数真菌不会对人类造成疫情威胁。

3.3.2　朊病毒具有选择性传播的特征，限制了大流行的可能性

朊病毒是一种具有传播性、感染性的蛋白质，是令人百思不得其解、尚未充分研究的传染病原体。朊病毒可引起人类的库鲁病、新变种克-雅病（vCJD，即人型"疯牛病"），造成其他哺乳动物的瘙痒症、慢性消耗性疾病和牛海绵状脑病（Chen，Dong，2016）。

虽然朊病毒在感染人类及其他动物后可造成极大破坏，但其传播需要特定的条件。新变种克-雅病是迄今为止最广为人知的人类朊病毒病疫情暴发；它曾导致229人患病，主要患病原因是20世纪90年代和21世纪初英国牛肉制品的摄入（Hilton，2006）。一旦保护措施落实到位，CJD的其他传播方式（如通过受污染的手术器械或尸体激素产品所致医源性传播）就会停止（Bonda等，2016）。库鲁病是一种受地理条件限制的朊病毒疾病，在巴布亚新几内亚因食人习俗而传播；随着20世纪60年代食人习俗的终止，疫情即有所缓解（Liberski等，2012）。

朊病毒疾病的传播特征是，若要在人类中形成GCBR规模的流行风险，就必须存在食人习俗或大范围食物污染等极端情况。此外，朊病毒曾被称作"慢病毒"，顾名思义，朊病毒所致疾病流行往往发展缓慢。

3.3.3　原生动物：疫情流行受限的病原体

原生动物的显著特征在于，它是唯一导致哺乳动物物种灭绝的传染病病原体。澳大利亚基督岛大鼠，无法逃脱原生动物媒介的魔爪，于20世纪初在这座小岛上被原生动物媒介传播的锥虫（*T.lewisi*）灭绝（Wyatt等，2008）。人型锥虫病从未如此令人关注。

人类原生动物感染给人类带来了巨大的压力，据推测，所有幸存的人类中有半数死于疟疾，目前每年仍有大约50万人死于疟疾（WHO，2017）。然而，抗疟化合物的研发、病媒防控策略的制定及其恰当的应用，证实均行之有效，已将疟疾的危害降低，使疟原虫成为一种影响可控的病原体。尽管如此，疟疾仍有一个方面特别令人关切：青蒿素耐药型疟疾的形成与传播，使得治疗难度极大，几乎没有有效的抗疟药物可供使用。疟疾主要分布在亚洲的特定地区，如柬埔寨和缅甸，在治疗上形成极大挑战；如果青蒿素耐药型疟疾传播到非洲，可能会造成整个非洲大陆的灾难性生物风险（Haldar等，2018）。

3.3.4　具有有限流行风险的其他类别微生物

阿米巴、体外寄生虫和蠕虫的大流行风险都十分有限，因为它们在致病性或传染性方面受到限制，或在两方面同时受限。可克隆传播的肿瘤，如流行于塔斯马尼亚袋獾的魔鬼面部肿瘤病，罕见于人类，传播方式有限，仅有母婴传播和器

官移植传播。

空间适应生物（例如，源于地球但在返回地球之前在空间站停留了一段时间的沙门菌）可以表现出更强的毒力，但是，抗生素治疗和正常控制措施对它们仍有很强的抑制作用。尚无证据表明，这些空间适应的沙门菌与正常沙门菌相比，会造成更大的流行风险（Wilson等，2007）。在火星或陨石上获得并带回地球的外来微生物物种，是美国国家航空航天局（NASA）行星保护计划的重点之一，受访者和与会者都认为它不可能构成威胁。如果发现这样一个物种，它就不太可能适应类似地球的行星环境，因为该物种既然要适应母行星明显不同的环境，就难以适应地球的环境。尽管此类样本返回地球时造成严重生物风险的可能性很低，但仍有许多不确定因素，目前正在考虑对可能含有这种非地球生物的样本，采用最高级别的生物防护程序（美国国家研究委员会，2009）。

3.3.5　病毒：造成疫情流行风险升高的几个因素

传统上，人们将病毒列为最高级别的疫情流行风险，而且专项防范准备工作往往只侧重于病毒。当然，基于病毒类微生物特有的几个方面，对病毒的防范加以重视是合理的。

例如，病毒复制率高，感染了丙型肝炎的人类患者，每天会产生超过1万亿个病毒粒子，再加上在如此短的迭代时间内所固有的易变性，赋予了病毒无与伦比的可塑性。这种可塑性使宿主适应、人畜共患病的蔓延和免疫系统逃避得以出现。

广谱抗病毒药物（如抵抗细菌甚至真菌那样的药物）的缺乏也成就了病毒所处的"卓尔不群"的地位。由于没有现成的治疗方法来控制病毒暴发，也没有现成的疫苗，所以在缺乏医疗对策的情况下，至少在疫情的早期阶段，需要做出遏制病毒的努力（Zhu等，2015）。

与DNA病毒相比，RNA病毒造成疫情流行的威胁更大，这一点人们已有强烈共识（Kreuder等，2015）。上述共识是基于如下事实：RNA作为基因组材料其稳定性低于DNA，这就使RNA病毒具备更大的基因组柔韧性。上述共识的例外，就是天花这样威力极大的DNA病毒，还有一直令人忧心忡忡的猴痘病毒。在缺乏天花疫苗的地区，猴痘病毒正日益蔓延（Kantele等，2016）。由于猴痘病毒持续流行，传播链较长，所以可以考虑在目标群体中采用天花疫苗。

病毒的另一个特征是复制的位置。研究表明，具有更大传播能力的病毒更有可能在细胞质内复制（Pulliam，Dushoff，2009；Olival等，2017）。推测原因是，病毒必须对特定类型的宿主具有更高的亲和力才能进入其细胞核，而这种更高的亲和力将限制其人畜共患病的流行风险，因为这种亲和力本身就决定了这种病毒仅能感染特定宿主。一般来说，DNA病毒倾向于拥有细胞核复制周期，而RNA病毒则有细胞质复制周期。引人关注的是，天花这种经证实能引起大流行的DNA

病毒，是一种细胞质复制病毒；而流感这种经证实能引起大流行的RNA病毒，则拥有细胞核复制周期。因上述规则皆有例外，所以并不主张过分僵化地应用这些规则。

还有一些因素可能增加病毒所致全球灾难性风险，包括分段基因组（如流感病毒）、基因组相对较小、高宿主病毒血症（如媒介传播的黄病毒）。例如，流感病毒的分段基因组可形成新的基因类别，而大基因组则可阻止灵活突变的出现。然而，每一特征都不可能找到普适的规则，因为例外情况比比皆是。

目前正在接受研究的病毒中，根据历史疫情和病毒特征，人们普遍认为甲型流感病毒具有最大的疫情流行风险（Silva等，2017；Imai等，2017）。利用美国疾病控制与预防中心（CDC）的流感快速评估工具（IRAT）对流感风险进行了分析，该工具将H7N9列为最受关注的流感病毒株（CDC，2017）。

除正黏病毒（包括甲型流感H7N9株）之外，还有几类病毒通过呼吸途径传播，具有RNA基因组，值得重点关注：副黏病毒（尤其是呼吸道病毒、亨尼帕病毒和腮腺炎病毒这三个属）、肺病毒、冠状病毒、小核糖核酸病毒（特别是以下两个属：肠病毒和鼻病毒）。根据本团队的分析结果以及病毒的固有特征，这几类病毒最有可能造成GCBR规模大流行的威胁。

3.4　病毒分类法虽然具有科学价值，但其本身无法用来预测下次流行

目前人们正在努力建立尽可能多的病毒目录。这样做的明确目标，是通过对尽可能多的病毒种类进行广泛分类，降低疫情暴发的不确定性，从而真正弄清是哪种病毒导致了疾病发生。在本项目的会议和访谈中，一些专家表示担忧：虽然对动物世界中的病毒进行分类和广泛排序的工作将得出新的科学发现，但我们不应期望这一工作有助于确定下一次疫情流行的来源，也不应期望这一工作能改变正在进行的疫情流行防范准备工作。广泛的病毒测序确实会发现许多新病毒，但已发现的病毒中绝大多数都不会具备感染人类的能力，更不用说在人群中广泛传播了。只有少数病毒具备感染人类、造成广泛传播的能力。

病毒测序工作应本着病毒科学发现这一目的，而不是以改进近期疫情流行的防范准备状态为标杆。

3.5　若不断增加传染病综合征具体诊断的例数，即可得到有价值的信息，就会有更多的机会识别出那些能引起重大流行病或大流行的病原体

在医学的临床实践中，常规做法是给出症状诊断（即非特定诊断），如"败血症"、"肺炎"或"病毒综合征"，实验室检查很少，甚或没有。如果特定诊断成本高昂又不影响临床诊治的进行，且通过常规检查未确立特定诊断和/或患者已经康复，则通常会避免进行特定诊断（即发送患者样本进行明确的实验室诊断）。这种避开特定诊断的做法，不仅见于资源有限的地区（这些地区获得特定

诊断的渠道有限），还见于北美和欧洲这些资源丰富的地区，那里将特定诊断视为多余。

然而，若对传染性综合征（如非典型肺炎、败血症、脑炎、脑膜炎和不明原因的临床显著发热）进行病原学诊断，则会有相当可观的收益，因为这将提供重要的信息，有利于深入了解微生物界造成的持续威胁。那些因为造成足够严重的感染而引起医学界关注的微生物，证实了它们是对人类造成损害的病原体，当然，微生物世界中只有一小部分能完成这一"壮举"（Woolhouse等，2016）。许多此类微生物诊断是不能通过常规的诊断规程来完成的。因此，需要做出特别努力以获得诊断。若以更高的战略眼光，更频繁地在全世界进行确立微生物诊断的工作，就有机会形成新的情境评估框架，以此了解有哪些微生物正在传播并造成人类感染。这些信息本身就具有临床价值，与广泛的病毒分类相比，更适合于揭示哪些是能引起GCBR规模的病原体。

上述工作不应局限于疾病出现的外来"热点"地区，而应在疾病发生方面具有广泛代表意义的地域进行。由于独特风险因素的存在，特定热点可能总体收益较高，但热点地区不应是接受调查的唯一地点。传染病可出现在任何地方，其中一个印证是2009年的H1N1流感大流行，最早认定的H1N1流感病例出现于加利福尼亚州一例患有轻度上呼吸道感染的儿童；另一印证则是20世纪90年代末纽约大都会区未分化脑炎病例中出现了西尼罗热（CDC，2009，Nash等，2001）。

对于资源有限的地区而言，推行微生物诊断这一项目不仅耗资巨大，并且需要加大对基础设施的投入，因此，最合理的做法是采用具有广泛代表性的方式，建立试行站点或战略站点，以推行在这些地区的微生物诊断工作。美国这样的发达国家有现成的资源和设施，但没有得到充分利用。究其原因，是对此缺乏认识，或医师对其价值估计不足，因而不太可能改变诊疗决策。

3.6　人为因素和/或灾情复杂性的出现，对某些病原体的流行推波助澜，达到GCBR规模

本项目的许多参与者表示，人为因素和防范准备不足可对微生物的大流行潜能起到推波助澜的作用，从而加剧病原体的传播，加大造成的损害。

已确定一些具体问题，包括医院应对工作的不足、医疗对策制定能力、医疗对策制定地点、对关键员工的影响，以及对粮食生产等重要项目的连锁效应。例如，生产静脉输注液体的工厂在波多黎各呈集群化分布，2017年飓风摧毁了这些工厂生产线，造成了产品供给的巨大缺口（Wong，2017）。另一个潜在的制约因素是医院无法大批量满足病人对呼吸机或ICU病床的需求。

人为因素也可能表现为基于政治考量但没有循证医学支持的错误举措，或表现为人为错误所致的科学错误，如对微生物的识别错误，或对科学数据或流行病

学数据的解读错误。例如,在SARS暴发的初期,出现了致病病毒的病原学认知错误;2014年西非埃博拉疫情暴发时,最初被认定为霍乱,致使应对工作延误数月之久(WHO,2014)。

参加本研究的一些人员所持观点是:人为因素及灾情复杂性的重要性,可能超过了微生物的固有属性或人类在疫情面前的生理脆弱性。人为错误若任其进展,就会导致疫情觉察时间的拖延;而对疫情应对的拖延,使病原体在人群中传播得越来越广、越来越深,因此遏制起来更加困难,引发恐慌,并严重影响一个地区的医疗基础设施。尽管如此,参加研究人员的总体意见是,微生物固有特征才是导致疫情流行的主要驱动因素。

4　推荐意见

4.1　在疫情流行和全球灾难性生物风险的防范准备方面,要了解那些威胁程度最高的微生物的特性

在疫情流行的防范准备方面,要优先重视RNA病毒的威胁,这是因为RNA病毒呼吸道传播频率高、存在胞浆复制、突变率高。在疫情监测、科学研究、对策制定、规划举措方面,都要将优势资源合理配置于RNA病毒的防控。对于RNA病毒,应对举措的重点应集中在流感病毒和一些特定冠状病毒。

虽然RNA病毒处于焦点中的焦点,但细菌、真菌、原生动物等其他类别微生物,由于其具有值得关注的特殊属性,所以也不应完全忽视。

要积累并保持所有类别微生物在流行病学、病情监测和致病能力方面的专业知识,明确纳入"同一健康"方法,即把植物、两栖动物和爬行动物的传染病的信息整合在一起,这有助于形成巨大潜能,以应对新出现的疫情大流行及全球灾难性生物风险。

4.2　以病原体为基准的方法与范例并不足以应对大流行和灾难性生物风险

以流感范例、历史上的生物武器计划、新发传染病为基础的,基于美国和全球的病原体清单,确实有助于推动针对疫情大流行的早期应对活动,并做出了许多重要贡献。这些清单可以让人们对未来疫情大流行威胁的预测产生信心。

但是,这些清单可能详尽无遗地僵化在业内人士的脑海中,其实不过是起点而已。另外,如果列入清单就意味着在疫情方面以前长期遭受忽视的地区可能得到更多的拨款,那么列入清单的动机就很有可能出于政治考量,而非基于流行病学原因。

本项目背后的一个主要理论，是考虑到在疫情威胁的情况下尝试摆脱严格的以清单为基准的方法，构建一个建造在微生物生物学和流行病学事实之上的框架。我们建议：风险评估应根植于导致疫情大流行或全球灾难性生物风险的实际特征上，而不是基于先前制定的清单上列出的那些病原体名称。

4.3 加强对呼吸道传播RNA病毒在人类感染的监测，是更应优先考虑的事项

由于呼吸道传播RNA病毒流行风险更高，因此必须加强对这些病毒的现有监测工作，并在尚未落实到位的地区建立监测机制。目前，在呼吸道传播的RNA病毒中，仅有流感病毒和某些冠状病毒的监测工作得到了优先考虑。

由于SARS和MERS的流行，人们已致力于弄懂冠状病毒的情况，但尚未对感染人类的冠状病毒进行系统化实验室监测。相似情况也见于鼻病毒、副流感病毒、呼吸道合胞病毒（RSV）、偏肺病毒及类似病毒，这些病毒都还没有上述监测机制。由于此类病毒最有可能携带导致未来疫情大流行的病原体，因此构建一种类似流感监测，能更好描述这些病毒的流行、模式和地理分布的监测方法，应是予以优先考虑的事项。

这种监测方法应着眼于人类感染，对流行病学、病毒学特征、抗病毒治疗敏感性（若适用）、临床表现做出定性描述，其描述方式应效仿美国CDC及其他国际组织所采用的大范围流感监测方法。

4.4 要更加重视针对RNA呼吸道病毒的多种抗病毒药物（包括广谱药物和针对具体病毒的药物）特殊生产线的研发，这样即可增加对那些造成疫情大流行和全球灾难性生物风险的微生物的抵御能力

目前，除治疗流感的抗病毒药物之外，仅有一种FDA批准的抗病毒药物可以用来治疗经呼吸道传播的RNA病毒，这种药物就是利巴韦林。有6种经FDA批准用来治疗流感的抗病毒药物：金刚烷胺、金刚乙胺、巴洛沙韦、扎那米韦、奥塞米韦、帕拉米韦，所有这些药物都特异性作用于流感病毒，在流感病毒之外没有活性；其中有2种特异性作用于甲型流感病毒的药物（金刚烷胺和金刚乙胺），但因为耐药，几乎不再使用了。另一种抗病毒药物（利巴韦林吸入剂）获批用于治疗呼吸道合胞病毒（RSV），但由于在抗RSV和副流感病毒方面有效性差且有严重毒性问题，用途极其有限。

目前全世界还没有用来治疗其他呼吸道传播的RNA病毒的获批抗病毒药物。若把研究重点优先放在对抗这类病毒的抗病毒药物，即可加速药物的研发，有利于政府和非政府的激励计划的制定与实施。与其他许多新发传染病应对措施相比，这种抗病毒药物具备明显优势：此类病毒每年以社区感染的形式造成了相当多患者死亡，因此传统医药市场和新发传染病市场均有相应需求。

不仅要研发广谱抗RNA病毒药物，而且要研发特异性针对RSV等特定病毒的药物，这样就能增加产出。

还应该针对非传统药物分子，如单克隆抗体和免疫调节剂，进行RNA病毒呼吸道感染的治疗与预防作用方面的研究（Walker，Burton，2018）。这种辅助治疗可能会改善临床结局。迄今为止，只有一种靶向作用于病毒的单克隆抗体获得了FDA批准，这就是用于预防高危婴儿病毒感染的帕伐单抗。

4.5 应加紧优先研发包括通用流感疫苗在内的针对RNA呼吸道病毒的疫苗

与上述有关抗病毒药物的观点一样，还应优先考虑针对呼吸道传播的RNA病毒的疫苗研发的需求。目前除针对流感有中度有效但技术受限的疫苗之外，尚无针对其他呼吸道传播RNA病毒的疫苗。针对RSV的实验性疫苗当时已进入临床研发后期，但最终却以失败告终。

这一领域有一些重要倡议可予以强调，以超越原有特定目标。例如，防疫创新联盟（CEPI）选择了一种冠状病毒（MERS-CoV）和一种副黏病毒（Nipah virus，尼帕病毒）作为开端，进行疫苗研发（Røttingen等，2017）。根据未来的倡议，通过此类计划可从该组病毒中另行选择其他疫苗靶点，甚至可以鼓励开发针对多组病毒的广泛的保护性疫苗，例如，研发一种针对所有四种人类副流感病毒的疫苗，既针对MERS和SARS冠状病毒，又针对亨德拉病毒和尼帕病毒。

此外，美国国立卫生研究院（NIH）在2017～2018年中度流感季节后对通用流感疫苗进行了高度关注，应加强引导这种关注并提供更多资源，应用到疫苗的研发工作中（Paules等，2017）。由于某些禽流感病毒的威胁级别最高，所以一种通用流感疫苗（甚至是一种只针对某一毒株的疫苗）可以有效地抵御流感病毒，防止其达到GCBR规模。

4.6 应由制药公司、医疗器械公司和政府部门提供资金，由临床中心执行工作，制订临床研究日程，以优化呼吸道传播的RNA病毒的治疗

正如2009年流感大流行和随后的流感季节所呈现的，尽管有循证医学作为指导，但流感的治疗并不理想。其他呼吸道病毒的治疗状况就更不明确了。

虽然目前还没有一种强大的抗病毒药物来对抗这些病毒，但在治疗过程中出现了一些重要的临床问题，值得进一步研究。这些问题是：哪些辅助治疗是有用的？存在哪些合并感染？在疾病的哪些阶段需要使用氧合仪器？由于其中多种病毒的社区现患率很高，临床医生在门诊和病房的诊疗工作中也经常遇到这样的病例，所以如果找到了这些问题的答案，就会让临床医生更好地应对这些病毒所致的疫情流行。

在流感方面，越来越多的文献是关于抗病毒药物与抗炎药物的联合使用，后者包括非甾体类抗炎药（NSAID）和大环内酯类抗生素（Hung等，2017）。阐明这些治疗效果的细微差别，以便制定强有力的指导原则，将让我们拥有更大的能力来应对流感导致的GCBR。

4.7 有必要对引起疫情流行风险升高的呼吸道传播RNA病毒研究加以特别综述

由于呼吸道传播的RNA病毒很可能造成GCBR规模的疫情威胁，所以如果针对此类病毒的研究可能增加疫情风险，就需要对这些研究加以特别关注。虽然此类病毒的许多研究呈低风险，通过适当的生物安全方法即可管控，但诸如实验设计出的抗病毒耐药性、疫苗耐药性、传播力增强等问题，仍将引起重大的生物安全和生物安保问题。出现于1977年的甲型H1N1流感病毒，据信是源于从实验室逃逸出来的病毒（Zimmer，Burke，2009）。重点是要了解使用这些病毒进行的研究工作的种类，特别是进行之中的或准备进行的可能导致疫情流行风险升高的实验。针对这些实验，应建立健全与风险相匹配的、特定的审核与批准规程，在审批这些实验或向其提供资金之前，应评估其收益与风险。

4.8 尽力取得感染性综合征的微生物特异性诊断，应该成为全球更为普及的做法

由于未知传染病到处都有，任一特定传染病都可能是未知的或未检验出的微生物所致，所以针对致病微生物的特殊诊断应是一项常规工作。非典型肺炎、中枢神经系统感染，甚至上呼吸道感染都是在致病微生物不明的情况下进行治疗的。

随着诊断技术和诊断设备在广度、速度、简便程度方面的不断改进，通过使用经过改进的诊断设备，无论在哪里都能够对传染病发病情况得到更深刻的认识。此类诊断设备目前正应用于发展中国家的研究项目。设备（如多分析物分子诊断设备）的使用要更加常规化，就能为特定传染病描绘出更全面的微生物流行病学图景，阐明迄今为止尚不明确的病原体（Doggett等，2016；Kozel，Burnham-Marusich，2017）。再加上对呼吸道传播的RNA病毒监测力度的加强，捕捉潜在大流行病原体早期信号的能力将大大提高。

当前，某些因素限制了此类医疗设备的购置和使用，此类限制因素有：费用问题、临床影响有限、隔离床等医院资源不足。要注意到对医院的影响，不仅是在费用支出方面，还体现在实验室检验容量方面。但是，当从疫情防范完备性的角度审视上述设备时，原有的效价比的计算方式应有所调整。若把上述因素纳入医院应急准备工作的组成要素，而不单单是临床准备工作的组成要素，则要调整上述问题的考量方式，这对于住院和门诊诊疗中抗生素的管理工作也是有利的。

事实上，在疫情的防范准备中，此类设备的使用应与呼吸机、疫苗、抗病毒药物和抗生素放在同等位置。可以开展试点项目，证明采购上述设备用于传染病应急准备是可行的。

5 结论

　　了解与疫情流行或全球灾难性生物威胁风险有关的最重要的微生物特征，能帮助我们加强针对疫情流行的防范准备。虽然RNA病毒带来的风险最大，但其他类别微生物所具备的特征也值得特别关注，在科研项目和公共卫生应对举措的工作中也需要考虑这些特征。通过对这些问题的考量，可以得出一系列与疾病监测、抗病毒药物和疫苗的研发、临床研究、研究监督相关的建议。将这些因素结合起来看，若对关键的微生物类别特征加以评估，并根据评估结果采取重点措施，就能更好地帮助我们改善疫情流行和全球灾难性风险的防范准备。

参 考 文 献

Bonda DJ, Manjila S, Mehndiratta P et al (2016) Human prion diseases: surgical lessons learned from iatrogenic prion transmission. Neurosurg Focus 41 (1):E10

Brankston G1, Gitterman L, Hirji Z, Lemieux C, Gardam M (2007) Transmission of influenza A in human beings. Lancet Infect Dis 7 (4):257-265 (Apr 2007)

Casadevall A (2012) Fungi and the rise of mammals. PLoS Pathog 8 (8):e1002808

Casadevall A (2017) The pathogenic potential of a microbe. mSphere 2 (1) (22 Feb 2017)

Casadevall A, Pirofski LA (2013) Exserohilum rostratum fungal meningitis associated with methylprednisolone injections. Future Microbiol 8 (2):135-137

Casadevall A, Relman DA (2010) Microbial threat lists: obstacles in the quest for biosecurity? Nat Rev Microbiol 8 (2):149-154

Centers for Disease Control and Prevention (2009) Swine influenza A (H1N1) infection in two children—Southern California, March-April 2009. MMWR Morb Mortal Wkly Rep 58 (15):400-402

Centers for Disease Control and Prevention (2010) Emergence of *Cryptococcus gattii*—Pacific Northwest, 2004-2010. MMWR Morb Mortal Wkly Rep 59 (28):865-868

Centers for Disease Control and Prevention (2017) Bioterrorism agents/diseases. Available at: https://emergency.cdc.gov/agent/agentlist-category.asp. Accessed 31 Jan 2018 (17 Aug 2017)

Centers for Disease Control and Prevention (2017) Zika virus—potential range in US. Available at: https://www.cdc.gov/zika/vector/range.html. Accessed 31 Jan 2018 (20 Sept 2017)

Centers for Disease Control and Prevention (2017) Influenza—Summary of influenza risk assessment tool (IRAT) results. Available at: https://www.cdc.gov/flu/pandemic-resources/ monitoring/iratvirus-summaries.htm. Accessed 31 Jan 2018 (23 Oct 2017)

Chen C, Dong XP (2016) Epidemiological characteristics of human prion diseases. Infect Dis Poverty 5 (1):47

Chowdhary A, Sharma C, Meis JF (2017) Candida auris: a rapidly emerging cause of hospital-acquired multidrug-resistant fungal infections globally. PLoS Pathog 13 (5):e1006290

Cressler CE, McLEOD DV, Rozins C, Van Den Hoogen J, Day T (2016) The adaptive evolution of virulence: a review of theoretical predictions and empirical tests. Parasitology 143 (7):915-930

Deng W, Burland V, Plunkett G et al (2002) Genome sequence of Yersinia pestis KIM. J Bacteriol 184 (16):4601-4611 (Aug 2002)

Doggett NA, Mukundan H, Lefkowitz EJ et al (2016) Culture-independent diagnostics for health security. Health Secur 14 (3):122-142 (May-June 2016)

Fisher MC (2017) Ecology: in peril from a perfect pathogen. Nature 544 (7650):300-301

Foley J, Clifford D, Castle K, Cryan P, Ostfeld RS (2011) Investigating and managing the rapid emergence of white-nose syndrome, a novel, fatal, infectious disease of hibernating bats. Conserv Biol 25 (2):223-231

Fraser C, Riley S, Anderson RM, Ferguson NM (2004) Factors that make an infectious disease outbreak controllable. Proc Natl Acad Sci USA 101 (16):6146-6151

Haldar K, Bhattacharjee S, Safeukui I (2018) Drug resistance in plasmodium. Nat Rev Microbiol (22 Jan 2018)

Herfst S, Böhringer M, Karo B et al (2017) Drivers of airborne human-to-human pathogen transmission. Curr Opin Virol 22:22-29

Hilton DA (2006) Pathogenesis and prevalence of variant Creutzfeldt-Jakob disease. J Pathol 208 (2):134-141

Hung IFN, To KKW, Chan JFW et al (2017) Efficacy of clarithromycin-naproxen-oseltamivir combination in the treatment of patients hospitalized for Influenza A (H3N2) Infection: an open-label randomized, controlled, Phase II b/ III Trial. Chest 151 (5):1069-1080

Imai M, Watanabe T, Kiso M et al (2017) A highly pathogenic avian H7N9 influenza virus isolated from a human is lethal in some ferrets infected via respiratory droplets. Cell Host Microbe 22 (5):615-626.e8

Johns Hopkins Center for Health Security (2018) The characteristics of pandemic pathogens. http://www.centerforhealthsecurity.org/our-work/pubs_archive/pubs-pdfs/2018/180510- pandemic-pathogens-report.pdf. Accessed 2 Aug 2019

Kantele A, Chickering K, Vapalahti O, Rimoin AW (2016) Emerging diseases-the monkeypox epidemic in the Democratic Republic of the Congo. Clin Microbiol Infect 22 (8):658-659

Kozel TR, Burnham-Marusich AR (2017) Point-of-care testing for infectious diseases: past, present, and future. J Clin Microbiol 55 (8):2313-2320

Kreuder Johnson C, Hitchens PL, Smiley ET (2015) Spillover and pandemic properties of zoonotic viruses with high host plasticity. Sci Rep 7 (5):14830

Liberski PP, Sikorska B, Lindenbaum S et al (2012) Kuru: genes, cannibals and neuropathology. J Neuropathol Exp Neurol 71 (2):92-103 (Feb 2012)

Logan LK, Weinstein RA (2017) The epidemiology of carbapenem-resistant enterobacteriaceae: the impact and evolution of a global menace. J Infect Dis 215 (suppl_1):S28-S36 (15 Feb 2017)

Nash D, Mostashari F, Fine A et al (2001) The outbreak of West Nile virus infection in the New York

City area in 1999. N Engl J Med 344 (24):1807-1814 (14 June 2001)

National Research Council (2009) Assessment of planetary protection requirements for Mars sample return missions. The National Academies Press, Washington, DC

Neumann AU, Lam NP, Dahari H, Gretch DR, Wiley TE, Layden TJ, Perelson AS (1998) Hepatitis C viral dynamics in vivo and the antiviral efficacy of interferon-alpha therapy. Science 282 (5386):103-107

Olival KJ, Hosseini PR, Zambrana-Torrelio C, Ross N, Bogich TL, Daszak P (2017) Host and viral traits predict zoonotic spillover from mammals. Nature 546 (7660):646-650

Paules CI, Marston HD, Eisinger RW, Baltimore D, Fauci AS (2017) The pathway to a universal influenza vaccine. Immunity 47 (4):599-603

Pirofski LA, Casadevall A (2008) The damage-response framework of microbial pathogenesis and infectious diseases. Adv Exp Med Biol 635:135-146

Pulliam JR, Dushoff J (2009) Ability to replicate in the cytoplasm predicts zoonotic transmission of livestock viruses. J Infect Dis 199 (4):565-568

Qadri F, Islam T, Clemens JD (2017) Cholera in Yemen—an old foe rearing its ugly head. N Engl J Med 377 (21):2005-2007

Raoult D1, Mouffok N, Bitam I, Piarroux R, Drancourt M (2013) Plague: history and contemporary analysis. J Infect 66 (1):18-26 (Jan 2013)

Rasmussen SA, Meaney-Delman DM, Petersen LR, Jamieson DJ (2017) Studying the effects of emerging infections on the fetus: experience with West Nile and Zika viruses. Birth Defects Res 109 (5):363-371

Roberts L (2017) Echoes of Ebola as plague hits Madagascar. Science 358 (6362):430-431

Røttingen JA, Gouglas D, Feinberg M et al (2017) New vaccines against epidemic infectious diseases. N Engl J Med 376 (7):610-613

Schoch-Spana M, Cicero A, Adalja A et al (2017) Global catastrophic biological risks: toward a working definition. Health Secur 5 (4):323-328 (Jul/Aug)

Silva W, Das TK, Izurieta R (2017) Estimating disease burden of a potential A (H7N9) pandemic influenza outbreak in the United States. BMC Public Health 17 (1):898

Sinka ME1, Bangs MJ, Manguin S et al (2012) A global map of dominant malaria vectors. Parasit Vectors 5:69 (4 Apr 2012)

Tagaya Y, Gallo RC (2017) The exceptional oncogenicity of HTLV-1. Front Microbiol. 2 (8):1425

Taubenberger JK, Morens DM (2006) 1918 Influenza: the mother of all pandemics. Emerg Infect Dis 12 (1):15-22

Walker LM, Burton DR (2018) Passive immunotherapy of viral infections: 'super-antibodies' enter the fray. Nat Rev Immunol (30 Jan 2018)

Wilson JW, Ott CM, Höner zu Bentrup K et al (2007) Space flight alters bacterial gene expression and virulence and reveals a role for global regulator Hfq. Proc Natl Acad Sci U S A 104 (41):16299-16304 (9 Oct 2007)

Wong JC (2017) Hospitals face critical shortage of IV bags due to Puerto Rico hurricane. The Guardian. Available at: https://www.theguardian.com/us-news/2018/jan/10/hurricane-maria-puerto-rico-iv-bag-shortage-hospitals. Accessed 31 Jan 2018 (10 Jan 2018)

Woolhouse MEJ, Adair K, Brierley L (2013) RNA viruses: a case study of the biology of emerging infectious diseases. Microbiol Spectr 1 (1) (Oct 2013)

Woolhouse ME, Brierley L, McCaffery C, Lycett S (2016) Assessing the epidemic potential of RNA and DNA viruses. Emerg Infect Dis 22 (12):2037-2044

World Health Organization (2014) Ground zero in Guinea: the Ebola outbreak smoulders—undetected—for more than 3 months. Available at: http://www.who.int/csr/disease/ebola/ ebola-6-months/guinea/en/. Accessed 2 Feb 2018

World Health Organization (2017) World malaria report 2017. Available at: http://www.who.int/ malaria/publications/world-malaria-report-2017/report/en/. Accessed 31 Jan 2018 (Nov 2017)

Wyatt KB1, Campos PF, Gilbert MT et al (2008) Historical mammal extinction on Christmas Island (Indian Ocean) correlates with introduced infectious disease. PLoS One (11):e3602

Zhu JD, Meng W, Wang XJ, Wang HC (2015) Broad-spectrum antiviral agents. Front Microbiol 22 (6):517

Zimmer SM, Burke DS (2009) Historical perspective—emergence of influenza A (H1N1) viruses. N Engl J Med 361 (3):279-285 (16 July 2009). https://www.ncbi.nlm.nih.gov/pubmed/19564632

第二章
真菌界造成的全球灾难性威胁

Arturo Casadevall

目　录

　　摘要　真菌界对人类构成了主要灾难性威胁，但在生物威胁评估中，这些威胁往往被轻视或忽视。造成这一盲点的原因十分复杂，包括人类对真菌病原体拥有很强的自然抵抗力、人类真菌病缺乏传染性以及真菌威胁的间接性，这些因素都决定了真菌的破坏作用更有可能体现在作物和生态系统上。通过对历史事件的回顾，我们发现真菌界对人类健康和农业存在影响，对物资造成破坏，因而对人类造成重大威胁。一个十分值得关注的问题是，随着真菌菌种对全球变暖产生的生理适应，将会出现新的真菌威胁。真菌具备的独有威胁成为人类的重大挑战，包括真菌可能随气流实现洲际传播、有快速演化的能力、有效药物的匮乏、疫苗的缺乏，以及耐药性的不断增加。在灾难性生物风险的防

A. Casadevall
约翰斯·霍普金斯大学公共卫生学院分子微生物学和免疫学系
地址：615 N. Wolfe Street，Room E5132，21205 Baltimore，MD，USA
e-mail：acasadevall@jhu.edu

Current Topics in Microbiology and Immunology（2019）424：21-32
https：//doi.org/10.1007/82_2019_161

线上发表日期：2019年5月23日

范准备中，必须考虑到真菌构成的威胁，因而需要加大对真菌学相关研究的投入。

人们探讨生物威胁时，真菌界常常成为盲点。人们忽视真菌，主要原因是人们固有的观念，并非审慎的风险评估。病毒和细菌在历史上都曾经导致过高死亡率疫情，如1918年的流感大流行和历史上的黑死病；但与病毒和细菌相反，人类的集体记忆中没有真菌导致的毁灭性事件。事实上，人类和哺乳动物的显著特征对真菌疾病具有系统抵抗力，这一点将人类和哺乳动物与其他动植物区别开来。人类真菌疾病易于发生在免疫力受损或暴露于大量真菌病原体的人类个体中，这样的疾病不具备传染性。例如，真菌疾病常见于进展期HIV感染者和药物诱导的免疫抑制患者，如服用免疫抑制药物预防器官移植排异反应的患者。真菌暴发流行的发生，反映了异常的病原体暴露，如洞穴探险者患有的组织胞浆菌病（Lyon等，2004）或服用了霉菌污染的类固醇制剂者出现的脑膜炎（Andes，Casadevall，2013）。这一点会让人们轻视真菌造成的威胁。真菌病一般不会报告给公共卫生部门，这使评估人类真菌病真正负担的问题更加复杂。然而，本文将通过探索真菌对人类、农业和物资的威胁，阐明对真菌威胁的忽视属于短视行为。

人类对真菌威胁存在盲点，也影响到了对真菌学研究的支持，继而影响到了人们对真菌界所致灾难性威胁的防范准备。真实的情况是，与结核病和疟疾等其他传染病相比，医学真菌学的资金不足，特别是看到真菌病有相同的或更高的总死亡率（每年病死人数为160万人）时（Rodrigues，Albuquerque，2018），就更明显了。隐球菌病是仅次于艾滋病、肺结核、疟疾和腹泻的致命传染病，位列第五（Rodrigues，2018）。若考虑到皮肤真菌病等非致死性真菌病，那么影响人类的真菌病总负荷将上升到8亿多人（https：//www.gaffi.org/）。然而，一些令人鼓舞的迹象表明，人们对真菌威胁的看法正开始改变。2016年，世界卫生组织将足菌肿列入被忽视的热带疾病名单，这是一种毁灭性的真菌感染疾病，使赤道地区数百万人致残。近年来多家知名学术期刊发表的文章强调了真菌的威胁（Rodrigues，Albuquerque，2018；Fisher等，2018；Brown等，2012；Gow等，2018），其中有一篇题为《不要再忽视真菌》的社论（2017）。

人们对真菌威胁的盲点，并没有延及农业专家或植物学者，他们非常清楚真菌病原体对庄稼的危害。免疫力完整的人类个体很少罹患严重真菌疾病，与此相反，真菌是植物、昆虫和变温脊椎动物的主要病原体。事实上，少数几种真菌正在吞噬整个生态系统，表现在两栖动物、蝙蝠和蛇正受到真菌疾病的毁灭性侵袭（Fisher等，2012）。

1　真菌界

真菌界成员众多，估计有500万种（Blackwell，2011）。真菌形态差异巨大，种属大到蘑菇，小到像酿酒酵母（*Saccharomyces cerevisiae*）那样在显微镜下才能看到的真菌。真菌通常被认为是营养缺陷型，因此它们在生物圈中的主要作用是分解动植物。然而，一些证据表明，真菌可以获取电磁能作为营养（Dadachova等，2007；Robertson等，2012），使它们有能力自行合成食物，这在外空生物学及其对物资的威胁方面具有重大意义。在众多谱系关系中，动物和真菌彼此互为近亲（Baldauf，Palmer，1993）。这种密切关系有一个现实结果，即在制备抗真菌药物时很难找出真菌与动物的代谢差异。因此，对人类致病的真菌种类虽然相对较少，但真菌感染一旦出现，常为慢性表现且难以治疗。

真菌的一个显著特征是有能力产生次级代谢产物。现有的许多药物如青霉素、他汀类药物和某些抗癌药物都是真菌的次级代谢产物。然而，同一个的代谢机制也会产生对动物有害的化合物，如真菌毒素。真菌毒素涵盖多种化合物，包括致癌的黄曲霉毒素、神经毒素麦角生物碱和发现于毒蘑菇中的鹅膏毒素（amatoxins）（Peraica等，1999）。一些真菌毒素如T-2具有巨大的生物武器潜力（Paterson，2006），并与东南亚的"黄雨"事件有关（Rosen，Rosen，1982；Mirocha等，1983），但此结论的真实性尚存争议（Ashton等，1983）。另一方面，强有力的证据表明，黄曲霉毒素是在第一次海湾战争之前由伊拉克生物武器计划所开发出来的（Davis，1999）。1932年在苏联，因镰刀菌属（*Fusarium* spp.）产生的单端孢霉毒素污染了谷物，导致了一种暴发型真菌毒素中毒，死亡率达60%（Peraica等，1999）。在对真菌界所致灾难性威胁加以考虑时，值得注意的是真菌既是植物和非哺乳类动物的主要病原体，也是许多剧毒物质的来源。

2　关于真菌灾难性威胁的属性

真菌病原体不需要宿主就可以存活，这一点不同于病毒这样的传染性病原体。大多数真菌病原体是环境微生物，能够在没有宿主的情况下在环境中存活。例如，壶菌造成了全球两栖类大幅减少，也曾将好几种青蛙斩尽杀绝，但即使在宿主已被斩草除根的情况下，壶菌仍可在湖水中存活。这种不依赖于宿主而存活的特性，意味着可以造成毒力减轻的选择压力不一定适用于真菌。另外，不依赖宿主而存活的特性，也意味着真菌病原体可将某些物种灭绝殆尽。

真菌威胁的属性因可能标靶的类别不同而存在差异，我们要考虑到三种主要类别的标靶：人、农业、物资。

人。目前已知的导致人类患病的真菌物种都不太可能对人类构成灾难性风险，除非人群的免疫力严重下降，如发生在某些感染HIV的人群中的情况；或除非真菌以某种方式被当作武器使用，引发大量毒素的接触和/或免疫水平的严重削弱。当然，免疫力正常的人类个体体内出现具有致病潜力的新型真菌种系，是无法预见的威胁。每年都有新发真菌病原体的报道，但这些病例大多是孤立病例，与严重免疫缺陷相关，或与罕见病原体暴露相关。尽管如此，近年来还是发生了耳道假丝酵母菌（*Candida auris*）这种主要院内感染病原体的感染，于2009年迅速出现，其来源目前尚无法确定（Forsberg等，2018）。虽然真菌病原体还不被当作用于杀人的常规生物武器，但有些真菌种系具备明显的用作武器的倾向（Casadevall，Pirofski，2006）。早在1961年，一位作者就写道"真菌在许多方面都是理想的武器，如操作简便、播散方便、可以耐受爆炸带来的损害、大多数情况下可以造成严重而又短暂的疾病、能够造成短暂或永久的局部区域感染"（Furcolow，1961）。军方注意到球孢子菌属（*Coccidioides* spp.）具有高传染性，这种高传染性可能有助于将其作为唯一的真菌物种列入生化武器清单内（Casadevall，Pirofski，2006）。

农业。真菌作为病原体并不经常侵染哺乳类，而是主要侵染植物；真菌很容易导致作为人类主食的农作物患病，因此真菌病原菌对农业构成了巨大威胁。如果粮食供应减少，造成饥荒和社会动荡，那么干扰人类粮食或家畜饲料供应的农产品威胁就可能加剧，并上升到全球灾难性威胁的规模。一些真菌种系已经被研发成为生物武器制剂，包括小麦杆锈菌（*Puccinia graminis tritici*）（Rogers等，1999）。当然，如果真菌病原体在小麦、玉米和水稻等主要粮食作物上同时暴发流行，就会对人类和家畜的食物供应产生毁灭性影响。如今，全球香蕉生产正受到假尾孢菌属（*Pseudocercospora* spp.）的威胁（Churchill，2011）。由于香蕉的主要消费品种是通过嫁接来维系，因此不可能进行抗病育种，人们担心这种食品产量会出现灾难性降低，进而使人类主要热量来源减少，自耕农收入降低（Churchill，2011）。19世纪40年代中期的爱尔兰马铃薯饥荒是一个独特的灾难性事件，一种植物病原体摧毁了一个居民群体的主要粮食作物。爱尔兰马铃薯饥荒的病原体是马铃薯致病疫霉（*Phytophthora infestans*），因为与真菌的形态十分相似，一直被认定是一种真菌（Goodwin等，1994），直到最近，根据基因组分析将其重新归类为卵菌（Cooke等，2000）。尽管分类有变化，爱尔兰马铃薯饥荒显示出真菌病原体对农业造成灾难性风险的可能性。

物资。尽管在评估对人类的生物风险时，微生物造成的设备和物资的破坏通常是不需要考虑的因素，但人类对物资的依赖程度非常高，以至于真菌造成的任何物资破坏都可能发展成全球灾难性风险。第二次世界大战期间，在热带地区真菌所致军用物资损坏是一个重大问题。众所周知真菌可污染宇宙飞船（Vesper等，2008），并导致设备损坏。人类栖息地的霉菌污染可能导致健康问题，使人们无法居住。卡特里娜和丽塔飓风过后新奥尔良的洪水导致房屋霉菌污染，霉菌毒素含量升高（CDC，2006；Rao 等，2007）。据报道，卡特里娜飓风过后污染房屋的一些霉菌导致苍蝇发育缺陷（Inamdar，Bennett，2015），但很难确定霉菌污染与人类特定健康影响之间是否存在关联。霉菌与病态建筑综合征有关，有人提出真菌代谢产物会影响人类居民的健康（Straus，2011）。

3 需要考虑到的与真菌威胁相关的一些特定因素

跨界致病潜力。一些致病性真菌的宿主分布范围广泛。许多病毒和细菌病原体宿主分布范围相对较窄，与此相反，曲霉（*Aspergillus*）和镰刀菌属（*Fusarium* spp.）可导致不同生物宿主患病。例如，尖镰孢菌（*Fusarium oxysporum*）可导致香蕉树上的香蕉枯萎，导致免疫缺陷的人类个体出现严重感染。这一点具有重要意义，因为这表明此类微生物具有潜在的破坏能力。一般来说，大多数对植物和变温动物有致病性的真菌对人类和哺乳动物没有致病性，因为它们的高基础体温形成了一个热限制区，抑制了真菌的侵袭（Robert，Casadevall，2009；Bergman，Casadevall，2010）。因此，尽管真菌界规模巨大，但仅有相对较少的真菌种系对人类有致病性，这是高体温与适应性免疫综合作用的结果。事实上，笔者认为哺乳动物对真菌疾病的显著抵抗力本身就是白垩纪末真菌选择的产物，那时真菌的大量繁殖对爬行动物形成抑制，从而有利于哺乳动物的繁盛（Casadevall，2005；Casadevall，2012a）。

遗传灵活性与快速进化。大多数真菌病原体种系能够快速进化，赋予了真菌表型快速变化的能力，而表型又与毒力和药物敏感性相关。事实上，大多数真菌种系既能进行无性繁殖，又能进行有性繁殖，这意味着基因交换和重组的机会更多。真菌进化的速度如此之快，以至于对于像新型隐球菌（*C. neoformans*）这样能够导致持续数月甚至数年的慢性感染的菌种来说，在感染过程中会形成与宿主适应、与微进化相符的新型基因变异体（Chen 等，2017）。从灾难性风险角度看，因为真菌种系具备快速变化的能力，所以出现致病力更强的菌株、耐药性升高的担心始终存在。

毒力的来源。除了念珠菌（*Candida* spp.）和皮肤癣菌外，绝大多数人类真菌病原体所处环境都涉及植物成分的降解。因此，与大多数病毒、细菌和原生动物病原体不同的是，真菌病原体的感染不是来自其他宿主，而是直接来自环境。那就出现了一个问题：为什么不需要动物宿主的生物具备了侵染哺乳动物的毒力呢？过去二十年来，多家实验室的研究表明真菌的环境致病毒力源自变形虫。变形虫-新型隐球菌相互作用与巨噬细胞-新型隐球菌相互作用，二者间有着惊人的相似性，表明诸如荚膜、黑色素合成和磷脂酶等毒力因子对真菌在被变形虫捕食后的生存非常重要（Steenbergen等，2001）。人们对其他致病真菌如曲霉（*Aspergillus*）、组织胞浆菌（*Histoplasma*）和孢子丝菌（*Sporothrix* spp.）也进行了类似的观察（Steenbergen等，2004）。根据本文观点，土壤真菌病原体的毒力是通过与第三方媒介（如阿米巴类捕食者）的相互作用而随机产生（Casadevall，2012b），哺乳动物由于具备体温调节能力，体温限定在一定范围内，因而环境中大部分真菌无法对哺乳动物致病。

预防。通过预防性使用抗真菌药物，可以预防高危人群患上真菌疾病。人们研发出了相对无毒的抗真菌药物，如氟康唑等口服唑类药物，为器官移植者和晚期HIV感染者等高危人群预防真菌疾病提供了有效的药物选择。有了这些有效口服药物，对于那些因致病真菌孢子的自然释放或人为释放而暴露于患病风险的人群来说，就有了可靠方式来预防真菌疾病。相反，目前还没有一种主要针对人类真菌病原体的获批疫苗可供使用。虽然大量实验用疫苗在动物模型内表现出针对真菌疾病的有效性，但除了用于预防复发性阴道念珠菌病的疫苗（Edwards等，2018）之外，还没有一种疫苗接近临床研发的阶段。唑类药物还在农业中用于庄稼病虫害的治疗与防护。

耐药性。人类真菌疾病的一个特征是常呈慢性过程，需要长期服用抗真菌药物治疗，而长期服药招致的环境条件会选择出耐药菌株（Fisher等，2018）。这种环境条件与抗真菌药物在农业中的广泛应用结合在一起，导致多种真菌病原体出现耐药性，包括一些直接来自环境的曲霉属（Abdolrasouli等，2015；Chowdhary等，2013）。若人体和植物的真菌病原体耐药性持续升高，就要对涉及真菌病原体的全球灾难性事件加以考虑，这具有重要意义。

洲际传播。病毒和细菌通常需要感染宿主，通过宿主的携带实现洲际传播。真菌与此不同，真菌能够通过气流传播（Brown，Hovmoller，2002）。真菌孢子在悬浮于空气的颗粒样物质中占比很大，且孢子的成分呈季节性波动（Frohlich-Nowoisky等，2009）。真菌有能力随气流实现洲际传播，这在真菌病原体播散方面非常值得关注，因为通过检疫和隔离等常规疾病控制措施不太可能隔断真菌的传播。

全球变暖与真菌疾病。研究发现，大多数真菌种系无法耐受哺乳动物的体温，这就表明体温调节作用是预防真菌疾病的一个主要原因（Robert，Casadevall，2009）。在21世纪初期，证据表明因为人类活动造成二氧化碳等温室气体的排放，全球持续变暖。因此，人们担心随着环境升温，某些具有致病潜能的真菌会适应较高的温度，从而使它们能够在哺乳类动物体温环境下生存（Garcia-Solache，Casadevall，2010）。真菌演化实验表明，真菌能够对更高的温度产生快速适应（de Crecy等，2009）。对一批真菌的耐温性随时间变化的函数进行分析，结果表明，担子菌已经变得更耐热，以此来适应全球变暖（Robert等，2015）。如果这种情况成为常态，那么人类将目睹新型真菌种系的出现（Garcia-Solache，Casadevall，2010）。

自然灾害之后的侵袭性真菌感染。自然灾害后的真菌感染会让初始灾难雪上加霜（Benedict，Park，2014）。地震后可发生球孢子菌病，推测原因在于土壤震动后孢子的气化作用（Schneider等，1997）。与此相似，也有沙尘暴之后发生球孢子菌病的暴发流行见诸报道（Pappagianis，Einstein，1978）。最近，密歇根州乔普林市的一场严重龙卷风过后，出现了多例梯形突孢菌（*Apophysomyces trapeziformis*）引起的软组织毛霉病病例，患者均有皮肤损伤，但没有出现免疫功能低下的情况（Austin等，2014）。海啸等自然灾害期间吸入水分可导致号称"海啸肺"的肺炎，几种真菌种系与"海啸肺"有关（Benedict，Park，2014），同时也与全身真菌感染有关（Kawakami等，2012；Nakamura等，2013）。尽管在上述事件中，只有少数患者出现了重症真菌疾病，但这些事件凸显了真菌的威胁，会使地质灾害和大气灾害事件愈加严重。

4 总结

人类的福祉取决于许多易受真菌疾病影响的生态系统的正常运行。如今，因为某些真菌种系能够影响人类、动物、植物的健康，所以真菌界对人类构成重大的灾难性风险。虽然由于哺乳动物对真菌病原体具有显著的抵抗力，已知的真菌病原体不太可能造成与流感疫情相当的人类真菌疫情，但这种情况可能随着新的真菌病原体的出现而发生改变。在这方面，近年来出现的令人震惊的耐药耳道假丝酵母菌（*Candida auris*）便是一个警钟；像病毒一样，新的真菌病原体可以毫无征兆地出现。另外，北美洲白鼻综合征对蝙蝠的破坏力表明，哺乳动物对流行性真菌疾病不具备免疫力。如今，来自真菌界的最大威胁也许是它们对人类赖以生存和健康所需的作物或生态系统的潜在破坏，人类食物供应的任何中断都将对人类极其复杂社会结构造成灾难性影响（表2-1）。

表2-1 与真菌或真菌样疾病有关的一些灾难性事件

风险	事件	病原微生物	备注/参考
大量人员伤亡	埃及十灾	曲霉或青霉属（*Aspergillus or Penicillium* spp.）	观察到与霉菌中毒相似（Schoental，1984；Bennett，Klich，2003）
大量人员伤亡	雅典瘟疫	镰刀菌属（*Fusarium* spp.）	修昔底德所述雅典瘟疫的病因不明。至少有一位权威人士提出是由霉菌毒素引起（Schoental，1995）
大量人员伤亡	中世纪的流行性麦角中毒症	麦角菌（*Claviceps purpurea*）	公元944-945年，法国阿基坦大区有多达四万人因食用受污染的谷物而死亡（Schiff，2006） 直到现代，流行性麦角中毒症一直很常见

续表

风险	事件	病原微生物	备注/参考
集体幻觉	塞勒姆女巫审判案	麦角菌（Claviceps purpurea）	有人认为刑事诉讼事件背后的原因是麦角中毒（Caporael，1976），但另一些人反对这一观点（Spanos，Gottlieb，1976）
饥荒	爱尔兰马铃薯饥荒	马铃薯致病疫霉（Phytophthora infestans）	这种微生物一直被认为是一种真菌（Goodwin等，1994），直到最近，被认定为卵菌（Cooke等，2000）
大量人员伤亡	食物中毒性白细胞缺乏症	镰刀菌属（Fusarium spp.）	发生于20世纪30年代的苏联，受累人数超过一万，死亡率达60%（Peraica等，1999）
生态系统破坏	全球两栖类动物数量减少	蛙壶菌（Batrachochytrium dendrobatidis）	壶菌曾导致全球两栖类动物数量减少（Lips，2016）
生态系统破坏	蝙蝠的白鼻综合征	破坏性假裸囊菌属（Pseudogymnoascus destructans）	2006年在北美暴发，导致某些蝙蝠种系灭绝性减少（Blehert，2012）
生态系统破坏	蝾螈数量减少	蝾螈壶菌（Batrachochytrium salamandrivorans）	壶菌杀死欧洲蝾螈（Stegen等，2017）
主食破坏	香蕉减产	假尾孢菌属（Pseudocercospora spp.）	导致香蕉黑条叶斑病菌对香蕉构成了威胁（Churchill，2011）
大量人员伤亡	类固醇药物污染	嘴突凸脐蠕孢（Exserohilumrostratum）	类固醇药物污染导致了数百例患者患上真菌病（Lockhart等，2013；Chiller等，2013）
物资损坏	洪水浸泡过的房屋生长霉菌	多种系	飓风过后被洪水浸泡过的房屋由于难以根治的霉菌生长，不得不弃置

参 考 文 献

Abdolrasouli A, Rhodes J, Beale MA, Hagen F, Rogers TR, Chowdhary A, Meis JF, Armstrong-James D, Fisher MC (2015) Genomic context of Azole resistance mutations in *Aspergillus fumigatus* determined using whole-genome sequencing. MBio 6:e00536

Andes D, Casadevall A (2013) Insights into fungal pathogenesis from the iatrogenic epidemic of *Exserohilum rostratum* fungal meningitis. Fungal Genet Biol: FG & B 61:143-145

Ashton PS, Meselson M, Robinson JP, Seeley TD (1983) Origin of yellow rain. Science 222:366-368

Austin CL, Finley PJ, Mikkelson DR, Tibbs B (2014) Mucormycosis: a rare fungal infection in tornado victims. J Burn Care & Res: Official Publ Am Burn Assoc 35:e164-e171

Baldauf SL, Palmer JD (1993) Animals and fungi are each other's closest relatives: congruent evidence from multiple proteins. Proc Nat Acad Sci U S A 90:11558-11562

Barbeau DN, Grimsley LF, White LE, El-Dahr JM, Lichtveld M (2010) Mold exposure and health effects following hurricanes Katrina and Rita. Ann Rev Pub Health 31, 165-178, 161 p following 178

Benedict K, Park BJ (2014) Invasive fungal infections after natural disasters. Emerg Infect Dis 20:349-355

Bennett JW, Klich M (2003) Mycotoxins. Clin Microbiol Rev 16:497-516

Bergman A, Casadevall A (2010) Mammalian endothermy optimally restricts fungi and metabolic costs. MBio 1

Blackwell M (2011) The fungi: 1, 2, 3 ⋯ 5.1 million species? Am J Bot 98:426-438

Blehert DS (2012) Fungal disease and the developing story of bat white-nose syndrome. PLoS Pathog 8:e1002779

Brown JK, Hovmoller MS (2002) Aerial dispersal of pathogens on the global and continental scales and its impact on plant disease. Science 297:537-541

Brown GD, Denning DW, Gow NA, Levitz SM, Netea MG, White TC (2012) Hidden killers: human fungal infections. Sci Transl Med 4, 165rv113

Caporael LR (1976) Ergotism: the satan loosed in Salem? Science 192:21-26

Casadevall A (2005) Fungal virulence, vertebrate endothermy, and dinosaur extinction: is there a connection? Fungal Genet Biol 42:98-106

Casadevall A (2012a) Fungi and the rise of mammals. PLoS Pathog 8:e1002808

Casadevall A (2012b) Amoeba provide insight into the origin of virulence in pathogenic fungi. Adv Exp Med Biol 710:1-10

Casadevall A, Pirofski LA (2006) The weapon potential of human pathogenic fungi. Med Mycol 44:689-696

Centers for Disease Control and Prevention (CDC) (2006) Health concerns associated with mold in water-damaged homes after Hurricanes Katrina and Rita-New Orleans area, Louisiana, October 2005. MMWR Morb Mortal Wkly Rep 55:41-44

Chen Y, Farrer RA, Giamberardino C, Sakthikumar S, Jones A, Yang T, Tenor JL, Wagih O, Van Wyk M, Govender NP, Mitchell TG, Litvintseva AP, Cuomo CA, Perfect JR (2017) Microevolution of serial clinical isolates of *Cryptococcus neoformans* var. grubii and C. gattii. MBio 8

Chiller TM, Roy M, Nguyen D, Guh A, Malani AN, Latham R, Peglow S, Kerkering T, Kaufman D, McFadden J, Collins J, Kainer M, Duwve J, Trump D, Blackmore C, Tan C, Cleveland AA, MacCannell T, Muehlenbachs A, Zaki SR, Brandt ME, Jernigan JA (2013) Clinical findings for fungal infections caused by methylprednisolone injections. N Engl J Med 369:1610-1619

Chowdhary A, Kathuria S, Xu J, Meis JF (2013) Emergence of azole-resistant *Aspergillus fumigatus* strains due to agricultural azole use creates an increasing threat to human health. PLoS Pathog 9:e1003633

Churchill AC (2011) *Mycosphaerella fijiensis*, the black leaf streak pathogen of banana: progress towards understanding pathogen biology and detection, disease development, and the challenges of control. Mol Plant Pathol 12:307-328

Cooke DE, Drenth A, Duncan JM, Wagels G, Brasier CM (2000) A molecular phylogeny of Phytophthora and related oomycetes. Fungal Genet Biol: FG & B 30:17-32

Dadachova E, Bryan RA, Huang X, Moadel T, Schweitzer AD, Aisen P, Nosanchuk JD, Casadevall A (2007) Ionizing radiation changes the electronic properties of melanin and enhances the growth of melanized fungi. PLoS One 2:e457

Davis CJ (1999) Nuclear blindness: an overview of the biological weapons programs of the former Soviet Union and Iraq. Emerg Infect Dis 5:509-512

de Crecy E, Jaronski S, Lyons S, Lyons B, TJ, Keyhani NO (2009) Directed evolution of a filamentous fungus for thermotolerance. BMC Biotechnol 9:74

Edwards JE Jr, Schwartz MM, Schmidt CS, Sobel JD, Nyirjesy P, Schodel F, Marchus E, Lizakowski M, DeMontigny EA, Hoeg J, Holmberg T, Cooke MT, Hoover K, Edwards L, Jacobs M, Sussman S, Augenbraun M, Drusano M, Yeaman MR, Ibrahim AS, Filler SG, Hennessey JP Jr (2018) A fungal immunotherapeutic vaccine (NDV-3A) for treatment of recurrent vulvovaginal candidiasis-A phase 2 randomized, double-blind, placebo-controlled trial. Clin Infect Dis: Official Publ Infect Dis Soc Am 66:1928-1936

Fisher MC, Henk DA, Briggs CJ, Brownstein JS, Madoff LC, McCraw SL, Gurr SJ (2012) Emerging fungal threats to animal, plant and ecosystem health. Nature 484:186-194

Fisher MC, Hawkins NJ, Sanglard D, Gurr SJ (2018) Worldwide emergence of resistance to antifungal drugs challenges human health and food security. Science 360:739-742

Forsberg K, Woodworth K, Walters M, Berkow EL., Jackson B, Chiller T, Vallabhaneni S (2018) Candida auris: the recent emergence of a multidrug-resistant fungal pathogen. Med Mycol

Frohlich-Nowoisky J, Pickersgill DA, Despres VR, Poschl U (2009) High diversity of fungi in air particulate matter. Proc Natl Acad Sci U S A 106:12814-12819

Furcolow ML (1961) Airborne histoplasmosis. Bacteriol Rev 25:301-309

Garcia-Solache MA, Casadevall A (2010) Global warming will bring new fungal diseases for mammals. MBio 1

Goodwin SB, Cohen BA, Fry WE (1994) Panglobal distribution of a single clonal lineage of the Irish potato famine fungus. Proc Nat Acad Sci U S A 91:11591-11595

Gow NAR, Amin T, McArdle K, Brown AJP, Brown GD, Warris A, The Wtsa-Mmfi C (2018) Strategic research funding: a success story for medical mycology. Trends Microbiol

Inamdar AA, Bennett JW (2015) Volatile organic compounds from fungi isolated after hurricane katrina induce developmental defects and apoptosis in a *Drosophila melanogaster* model. Environ Toxicol 30:614-620

Kawakami Y, Tagami T, Kusakabe T, Kido N, Kawaguchi T, Omura M, Tosa R (2012) Disseminated aspergillosis associated with tsunami lung. Respir Care 57:1674-1678

Lips KR (2016) Overview of chytrid emergence and impacts on amphibians. Philos Trans R Soc Lond Ser B, Biol Sci 371

Lockhart SR, Pham CD, Gade L, Iqbal N, Scheel CM, Cleveland AA, Whitney AM, Noble-Wang J, Chiller TM, Park BJ, Litvintseva AP, Brandt ME (2013) Preliminary laboratory report of fungal infections associated with contaminated methylprednisolone injections. J Clin Microbiol 51:2654-2661

Lyon GM, Bravo AV, Espino A, Lindsley MD, Gutierrez RE, Rodriguez I, Corella A, Carrillo F, McNeil MM, Warnock DW, Hajjeh RA (2004) Histoplasmosis associated with exploring a bat-inhabited cave in Costa Rica, 1998-1999. Am J Trop Med Hyg 70:438-442

Mirocha CJ, Pawlosky RA, Chatterjee K, Watson S, Hayes W (1983) Analysis for Fusarium toxins in various samples implicated in biological warfare in Southeast Asia. J Assoc Official Anal Chem 66:1485-1499

Nakamura Y, Suzuki N, Nakajima Y, Utsumi Y, Murata O, Nagashima H, Saito H, Sasaki N,

Fujimura I, Ogino Y, Kato K, Terayama Y, Miyamoto S, Yarita K, Kamei K, Nakadate T, Endo S, Shibuya K, Yamauchi K (2013) Scedosporium aurantiacum brain abscess after near-drowning in a survivor of a tsunami in Japan. Respir Investig 51:207-211

Nature Microbiology (2017) Stop neglecting fungi. Nat Microbiol 2:17120

Pappagianis D, Einstein H (1978) Tempest from Tehachapi takes toll or *Coccidioides* conveyed aloft and afar. West J Med 129:527-530

Paterson RR (2006) Fungi and fungal toxins as weapons. Mycol Res 110:1003-1010

Peraica M, Radic B, Lucic A, Pavlovic M (1999) Toxic effects of mycotoxins in humans. Bull World Health Organ 77:754-766

Rao CY, Riggs MA, Chew GL, Muilenberg ML, Thorne PS, Van Sickle D, Dunn KH, Brown C (2007) Characterization of airborne molds, endotoxins, and glucans in homes in New Orleans after Hurricanes Katrina and Rita. Appl Environ Microbiol 73:1630-1634

Robert VA, Casadevall A (2009) Vertebrate endothermy restricts most fungi as potential pathogens. J Infect Dis 200:1623-1626

Robert V, Cardinali G, Casadevall A (2015) Distribution and impact of yeast thermal tolerance permissive for mammalian infection. BMC Biol 13:18

Robertson KL, Mostaghim A, Cuomo CA, Soto CM, Lebedev N, Bailey RF, Wang Z (2012) Adaptation of the black yeast *Wangiella dermatitidis* to ionizing radiation: molecular and cellular mechanisms. PLoS One 7:e48674

Rodrigues ML (2018) Neglected disease, neglected populations: the fight against Cryptococcus and cryptococcosis. Mem Inst Oswaldo Cruz 113:e180111

Rodrigues ML, Albuquerque PC (2018) Searching for a change: the need for increased support for public health and research on fungal diseases. PLoS Neglected Trop Dis 12:e0006479

Rogers P, Whitby S, Dando M (1999) Biological warfare against crops. Sci Am 280:70-75

Rosen RT, Rosen JD (1982) Presence of four Fusarium mycotoxins and synthetic material in 'yellow rain'. Evidence for the use of chemical weapons in Laos. Biomed Mass Spectrom 9:443-450

Schiff PL (2006) Ergot and its alkaloids. Am J Pharm Educ 70:98

Schneider E, Hajjeh RA, Spiegel RA, Jibson RW, Harp EL, Marshall GA, Gunn RA, McNeil MM, Pinner RW, Baron RC, Burger RC, Hutwagner LC, Crump C, Kaufman L, Reef SE, Feldman GM, Pappagianis D, Werner SB (1997) A coccidioidomycosis outbreak following the Northridge, Calif, earthquake. JAMA 277:904-908

Schoental R (1984) Mycotoxins and the Bible. Perspect Biol Med 28:117-120

Schoental R (1995) Climatic changes, mycotoxins, plagues, and genius. J R Soc Med 88:560-561

Spanos NP, Gottlieb J (1976) Ergotism and the Salem village witch trials. Science 194:1390-1394

Steenbergen JN, Shuman HA, Casadevall A (2001) *Cryptococcus neoformans* interactions with amoebae suggest an explanation for its virulence and intracellular pathogenic strategy in macrophages. Proc Natl Acad Sci 18:15245-15250

Steenbergen JN, Nosanchuk JD, Malliaris SD, Casadevall A (2004) Interaction of *Blastomyces dermatitidis*, *Sporothrix schenckii*, and *Histoplasma capsulatum* with *Acanthamoeba castel- lanii*. Infect Immun 72:3478-3488

Stegen G, Pasmans F, Schmidt BR, Rouffaer LO, Van Praet S, Schaub M, Canessa S, Laudelout A, Kinet T, Adriaensen C, Haesebrouck F, Bert W, Bossuyt F, Martel A (2017) Drivers of salamander extirpation mediated by *Batrachochytrium salamandrivorans*. Nature 544:353-356

Straus DC (2011) The possible role of fungal contamination in sick building syndrome. Front Biosci (Elite Ed) 3:562-580

Vesper SJ, Wong W, Kuo CM, Pierson DL (2008) Mold species in dust from the International Space Station identified and quantified by mold-specific quantitative PCR. Res Microbiol 159:432-435

第三章

作为全球灾难性生物威胁的青蒿素耐药型疟疾

Emily Ricotta，Jennifer Kwan

目 录

E. Ricotta, J. Kwan

美国国立卫生研究院过敏与传染病研究所院内研究部；地址：Quarters 15B-1，8 West Dr，Bethesda，MD 20892，USA。

e-mail：emily.ricotta@nih.gov

E.Ricotta

Kelly Government Solutions，Bethesda，USA

Current Topics in Microbiology and Immunology（2019）424：33-57

https：//doi.org/10.1007/82_2019_163

线上发布日期：2019年6月20日

摘要　青蒿素耐药型疟疾的全球蔓延带来了疟疾无法治愈的威胁。即使目前在预防治疗上有了长足进步，这种疾病每天仍然威胁到2.19亿人的生命，导致疫情地区生产总值（GDP）有5%～6%的损失。本章讨论了全世界人类所处的脆弱境况，也讨论了如果青蒿素治疗无效，我们会受到怎样的影响。治疗无效的原因有可能是不受控制的K13突变型疟疾的播散，也可能是全球预防措施及经费投资毫无长进。

青蒿素是目前ACT治疗（青蒿素联合疗法）规划及重型疟疾治疗的主要药物；若无青蒿素，则未来疟疾清除计划将举步维艰。

1　引言

1.1　疟疾与疟疾治疗的历史

疟疾作为全球健康和安全威胁已有千年之久，现在仍是全世界许多地区儿童和青年死亡的一个主要原因。疟疾感染的记录可以追溯到新石器时代，公元前3200年的埃及人遗骸中就发现了疟疾抗原（Arrow等，2004a）。得益于多年来的防控措施和资金投入（仅2017年就花费了31亿美元），疟疾病例数和死亡人数都有所减少，但是疟疾这种疾病仍然对全球大部分人口造成了沉重压力。2017年，估计有2.19亿疟疾病例和43.5万死亡病例（WHO，2018a），尽管取得了一些进展，但在遏制病例发展方面陷入僵局。不幸的是，疟疾的防控与消除是一个多部门彼此合作的工作，既需要私营业主的资助，也需要公共部门的投入；既需要制定新的干预措施和治疗方法，也需要保证措施和方法惠及有最大需求的人群，所有这些都是为了确保干预措施在面对全球抗药性不断形成的情况下，能够继续发挥效果。疟疾发病率降低的首要原因，是使用驱虫蚊帐（ITN）来预防疟疾（Bhatt等，2015）。据估计，自2000年起，单单驱虫蚊帐一项，就将撒哈拉以南非洲五岁以下儿童的疟疾死亡率降低了55%。当然，疟疾治疗用于疟疾流行地区的发热疾病已有悠久历史，这些治疗对降低死亡率发挥了重要作用。

奎宁是最早的疟疾治疗药物，自16世纪便开始使用（Achan等，2011）。20世纪30年代人们研发出了氯喹这种奎宁的合成制剂，直到今天仍用于疟疾的治疗（Talisuna等，2004）。但很不幸，随着氯喹的频繁使用，疟疾对氯喹的广泛耐药也已形成。最早在1844年就报道了奎宁的耐药性（Elliotson，1844；Talisuna等，2004），20世纪50年代则报道了柬埔寨-泰国边界和哥伦比亚地区的氯喹耐药（Wellems，Plowe，2001）。截至20世纪70年代，氯喹耐药在不同时间共出现四次，彼此不相干，并开始扩展到整个疟疾疫情流行地区。事实上，基因学研究显示，发现于东南亚和整个非洲的氯喹耐药型恶性疟原虫（*Plasmodium falciparum*）

彼此间关系密切。特别是与南美或巴布亚新几内亚的疟原虫做比较时，更能明显看出随着疟疾感染人群的流动，氯喹耐药型疟疾传到了非洲大陆（Wellems，Plowe，2001；Talisuna 等，2004）。截至 20 世纪 90 年代，一些地区 90% 以上的感染者出现了氯喹耐药型恶性疟原虫（*P. falciparum*）疟疾（Laufer 等，2006；Ocan 等，2019）。这种情况的出现对疟疾清除工作造成严重阻碍，据估计自从氯喹耐药形成以来，疟疾致死病例几乎增加了一倍（Ocan 等，2019）。

氯喹耐药出现之后，许多国家引入了磺胺多辛 - 乙胺嘧啶（SP）这种药物，作为氯喹的替代品，最早是印度于 1982 年采取了这一举措，随后是马拉维（1993 年）（Trape，2001；Ocan 等，2019）。改用 SP 之后短时间内不可避免地出现了 SP 的耐药，在地理扩散的表现形式上类似于氯喹耐药，最具全球意义的耐药突变出现在东南亚，并蔓延到非洲（Plowe，2009）。经进一步研究明确，随着药物应用越来越广泛，SP 的耐药性会因药物压力的存在而迅速形成（Doumbo 等，2000），截至 20 世纪 90 年代后期，SP 耐药已广泛存在（Venkatesan 等，2013）。万幸的是，SP 所带来的治疗收益并非因此而完全丧失。2004 年，世界卫生组织（WHO）建议在 SP 耐药率低于 50% 的地区，使用 SP 进行季节性疟疾化学预防和妊娠期间歇预防治疗（WHO，2010a）。由于 SP 具备孕妇和儿童治疗的有效性和安全性，所以至今仍然是非洲的一线预防用药中可以选择的药物（Desai 等，2016；WHO，2018b）。

随着时间的推移，人们引入了其他多种抗疟药物，效果各异。与奎宁同属一类的其他药物包括阿莫地喹、甲氟喹、苯芴醇和哌喹。抗叶酸药物包括乙胺嘧啶和甲氧苄啶。最后是青蒿素类抗疟药物，包括青蒿素、双氢青蒿素、蒿甲醚和青蒿琥酯（Arrow 等，2004b）。最后这一类抗疟药物是迄今为止最重要和最成功的抗疟治疗方法，在世界许多地区仍是唯一有效的抗疟药物。事实上，抗疟药物耐药性的形成已成为成功消除疟疾的最大障碍，青蒿素耐药这一棘手问题给全世界带来威胁，必须不惜一切代价加以预防。

1.2　青蒿素

青蒿素是非常成功的抗疟药物，因为它们几乎对寄生虫发育的所有阶段都有活性，包括未成熟的配子体。它们的作用是迅速杀死寄生虫，在有青蒿素敏感寄生虫的地区，清除半衰期非常之短，仅为 2 ～ 3 小时（Ashley 等，2014）。中国使用含青蒿素的草药治疗疟疾的历史可以追溯到 2000 多年前，而青蒿素这一活性药物本身，就是 1972 年从植物黄花蒿中分离出来的（Maude 等，2010）。中国药理学家屠呦呦及其团队的这一重大成就彻底改变了抗疟治疗的形势，并使她在 2011 年获得了拉斯克临床医学研究奖，并分享了 2015 年诺贝尔生理学或医学奖。1982 年《柳叶刀》发表的第一篇关于青蒿素的研究，对青蒿素单药口服与甲氟喹疗法进行了比较，证明了青蒿素具有优越的疟疾清除率（Olliarol，Trigg，1995）。青蒿素单药治疗因其快速起效且对患者毒性低而备受称赞，在氯喹耐药型疟疾或抗叶酸耐药型疟疾高发地区，青蒿素单药治疗成为首选治疗方法。然而，血液中青蒿素半衰期短，患者需要长期治疗，通常持续7天，导致复发率高（标准治疗的复发率约为10%，治疗时间不足7天的复发率为48%～54%）（Maude等，2010；Global Malaria Programme，2014；Wang等，2017）。高复发率再加上潜在的耐药性，说明很有必要将青蒿素单药治疗转变为与磺胺多辛 – 乙胺嘧啶、苯芴醇、哌喹等药物的联合治疗。

早在20世纪90年代末，人们将青蒿素联合疗法（ACT）列入治疗策略（Kachur等，2001；Bloland，Williams，2002），2003年有人建议停止使用青蒿素单药治疗，转为普遍采用青蒿素联合治疗（Arrow等，2004c）。2006年WHO开始推荐将ACT用作单纯性恶性疟的一线治疗（WHO，2006），2007年WHO呼吁完全停用并取消基于青蒿素的单药治疗，理由是担心青蒿素耐药会不断增多（Global Malaria Programme，2018）。采用ACT治疗的国家从2003年的不到20个增加到2016年的80多个（Banek等，2014；WHO，2018c）；截至2014年，虽有人试图将青蒿素单药治疗从私立和公共诊疗服务中去除，但许多国家仍然可以使用青蒿素单药治疗（Ouji等，2018）。正如人们担心的那样，这些地区青蒿素耐药情况持续增多。

2 青蒿素耐药

2.1 青蒿素耐药的定义

WHO给出的青蒿素耐药的定义为：青蒿素单药治疗或ACT治疗后，疟原虫清除延迟（疟原虫清除半衰期＞5小时）（Global Malaria Programme，2018）。

请注意，青蒿素耐药并不一定意味着治疗无效，因为某些感染仍然可以通过适当的联合用药或通过青蒿琥酯治疗7天予以清除。治疗无效通常发生在治疗后，表现为疟原虫对青蒿素成分部分耐药，对联用药物完全耐药。2001～2002年在柬埔寨西部进行的一项疗效试验，评估了含青蒿琥酯和甲氟喹的ACT方案的疗效，28天治疗无效率为14%（Denis et al.2006）。2006～2008年在柬埔寨南部进行的一项随访期较长的研究，结果显示47%的患者在开始治疗后两天疟原虫呈阳性，11%的患者在第三天仍然呈阳性，这与寄生虫复发有关（Denis等，2006；Rogers等，2009）。另有几项重点针对青蒿素敏感性的对比试验，结果表明在东南亚大陆，疟原虫清除缓慢的现象非常常见（Ashley等，2014）。

2.2 耐药机制：Pfkelch13突变

疟原虫清除延迟与恶性疟原虫（*P. falciparum*）的 *pfkelch13*（K13）基因的多

种单点突变有关，K13是13号染色体上控制螺旋桨蛋白的一个区域（Ashley等，2014）。这些突变导致青蒿素在清除疟原虫早期环状阶段的效力降低，此时红细胞中的疟原虫正处于成熟过程，随着时间的推移，在某些情况下，可出现对青蒿素和联用药物的耐药性。事实上，研究表明在青蒿素耐药的感染患者中，经过三天的ACT治疗后，疟原虫负荷增加了100倍，这就导致那些逃过一劫的疟原虫暴露在联用方案中的"单药治疗"的枪口下（Dondorp等，2017）。环状阶段生存分析，确定了K13的多态性是在体及离体青蒿素耐药性的主要标志物（Witkowski等，2013）。青蒿素通过蛋白质途径导致疟原虫死亡来治疗疟疾，目前已知疟原虫对抗上述途径的耐药机制是磷脂酰肌醇-3-激酶（PI3P）的蛋白质稳态失调，这会使寄生虫PI3P的囊泡形成增多（Mbengue等，2015；Suresh；Haldar；2018），并通过未折叠蛋白质应答引起氧化应激及潜在的蛋白质损伤（Mok等，2015；Rocamora等，2018）。当细胞系持续暴露于药物压力之下时，即可诱导K13突变。但有证据表明，当细胞系和药物暴露方法有所不同时，清除延迟的程度也有明显差异。野生型疟原虫的感染，或在第441位氨基酸之前发生K13突变的疟原虫感染，都不太容易出现疟原虫清除的延迟，但在第441位之后发生突变的疟原虫或突变内至少有部分K13序列缺失疟原虫造成的感染，更容易出现疟原虫清除的延迟（Ashley等，2014）。目前，虽然已经鉴定出200多种K13等位基因的非同义突变，但只有其中13种与疟原虫清除缓慢相关（Zaw等，2018；WWARN K13基因型-表型研究组，2019）（图3-1）。上述事实表明，虽然对出现的K13突变进行监测具有重要意义，但有必要同时进行治疗有效性研究，以确定疟原虫群体多态性的显著性。

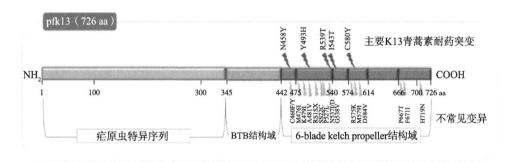

图3-1　与青蒿素治疗后疟原虫清除延迟相关的pfkelch13蛋白突变。这些突变发生于第441位氨基酸之后。迄今为止，尚无第441位氨基酸之前的突变与疟原虫清除延迟有关，或与治疗无效有关。依据CCY 4.0许可证，转载自Ouji等，2018

2.3　耐药性的地域扩散

虽然K13突变所致青蒿素耐药性首次发现于柬埔寨西部，但此后这种耐药性也出现在东南亚其他地方和非洲的一些地方。已有多项研究评估了K13螺旋桨等位基因多态性，这些研究可用来确定疟原虫耐药表型的分布，并确定这些分布情况到底是新生突变所致，还是一个或几个耐药谱系在地理上的扩散（Takala-Harrison等，2015；Imwong等，2017）。不出所料，结果显示两种情况都有。例如，Imwong等的一项研究表明，虽然2008～2015年出现了许多K13突变，但在柬埔寨出现的一个谱系含有第580位（C580Y）胱氨酸–丙氨酸替代，这个谱系在泰国和老挝经过了艰难的选择性清除，可能是由于人口越境迁移所致输入种系（Imwong等，2017）。缅甸也出现了同样的突变，但像是一个独立的事件（Takala-Harrison等，2015；Imwong等，2017）。2016年的一项研究绘制了K13突变图谱，结果发现非同义突变样本比例，在柬埔寨西部高达80%～95%，在越南和缅甸为40%～50%，在亚洲其他地区则不超过20%。对K13多态性的常规监测，目前用于跟踪来自柬埔寨、越南和老挝（C580Y、R539T、Y493H和I543T突变）或来自泰国、缅甸和中国（F446I、N458Y、P574L和R561H突变）的已知耐药型疟原虫的迁徙情况，而非分布更广的等位基因（如P553L）（Menard等，2016）。

监测工作也有助于在圭亚那和卢旺达等其他地区发现自发突变（Tacoli等，2016；Chenet等，2016），研究表明，非洲的K13突变样本比例明显较低（在26个受试国家中，有7个国家的样本中自发突变比例不超过8.3%），南美洲和大洋洲的样本中自发突变比例不到5%（Menard等，2016）。非洲样品中均未发现亚洲突变，大部分样品的突变仅发生了1次或2次（Kamau等，2015；Menard等，2016，Zaw等，2018；Nair等，2018），表明该地区出现了导致青蒿素耐药性的散发突变。这种寄生虫的遗传背景很可能在决定青蒿素耐药程度方面发挥了作用，因为亚洲寄生虫有其他的主干突变，这也会导致疟原虫清除缓慢，但非洲疟原虫似乎并不携带这些突变（Imwong等，2017，Woodrow，White，2017）。

MalariaGEN恶性疟原虫研究组项目进行了一项调查，通过"校准"疟原虫各个种系之间非同义突变到同义突变的数量，来评估亚洲和非洲疟原虫K13多态性是否是由于选择压力所致。研究发现，对于大多数基因来说，这一比例在不同地区相对一致，但东南亚的样本中K13非同义突变的数量呈异常高值，而非洲疟原虫的非同义突变与同义突变的比例和其他检测的基因相似（MalariaGEN恶性疟原虫研究组项目，2016）。这表明，虽然非洲疟原虫的突变很可能是局部发生的，是自然遗传变异的组成部分，但亚洲疟原虫却面临着巨大的选择压力。监测不同耐药表型的形成和播散至关重要，因为这将有助于采取必要且适当的干预措施，遏制或控制高度耐药型疟原虫的传播。

青蒿素耐药型疟原虫选择形成的另一个促进因素是疟疾传播水平和继发人群免疫力，但这一因素的重要性存在争议。据观察，在恶性疟原虫（P. falciparum）现患率较低的人群中，青蒿素耐药性的发生速度比疟疾流行率较高的人群更快。

两项研究评估了整个东南亚携带K13突变的恶性疟原虫（*P. falciparum*）的清除速度，结果显示自然获得性免疫更为常见的地区内，青蒿素耐药型疟原虫的清除速度比野生型疟原虫更快（Ataíde等，2017a，b）。这些研究还注意到，在K13多态性出现之前的几年中，疟疾传播减少、获得性免疫力下降（Ataíde et al.2017b）。这一点有数学模型作为支持，该模型的评估结果是：恶性疟原虫（*P. falciparum*）现患率＜10%的地区较早出现青蒿素耐药，中等现患率（10%～25%）或高现患率（＞25%）地区耐药的出现有5～10年的延迟（Scott等，2018）（图3-2）。

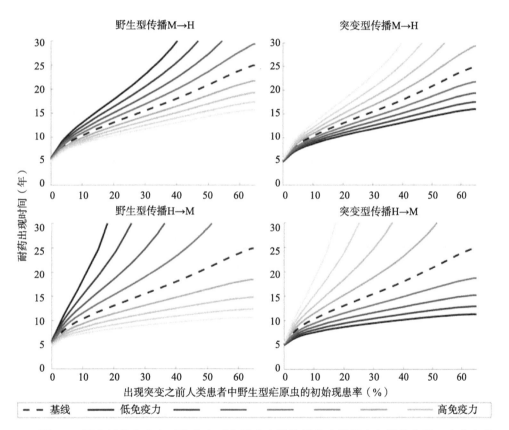

图3-2　领会群体免疫力对青蒿素耐药型疟疾的传播能力发挥了怎样的作用。这些有关野生型和耐药型疟原虫的数学模型是基于从蚊子传播到人类（上图）和从人类传播到蚊子（下图）的情景，显示了各种K13突变从初始至耐药型出现的时间（单位：年）。依据CCY 4.0，转载自Scott等，2018

2.4 耐药性的驱动因子

最初，东南亚疟疾治愈率低的原因是使用单一疗法，这种疗法对于青蒿素耐药性的传播仍不断发挥着主要作用（Global Malaria Programme，2014）。ACT观察项目给出的一份报告指出，青蒿素单药治疗在亚洲和非洲的一些国家仍然可以使用，这种情况在私人诊疗机构尤为明显（WHO，2015a；ACT观察组，2017）；如果不从医疗市场中彻底杜绝青蒿素单药治疗，就始终存在问题。但是，青蒿素单药治疗并非耐药出现的唯一驱动因素。在疟疾流行地区，错误的处方、患者不能遵照治疗指南、含伪劣品和不合格产品的ACT方案的大量存在，也是导致青蒿素耐药性不断增加的难题。

对于任一类型的治疗，处方和患者依从性都是常见问题；在联合抗疟治疗方面这些问题可能特别严重。ACT存在一些特定问题包括给药时间安排，治疗天数，甚至是药片的数量。例如，对于成年患者，蒿甲醚–苯芴醇须与食物同服共3天，初始剂量为每次4片，此后每次8片；随后2天每天2次每次4片，共服药24片（FDA，2009）。这样的方案执行起来难度是很大的，治疗期间患者极少能得到药师的督导，这样就降低了患者的依从度，导致患者治疗结局不佳，且会快速选择出耐药型疟原虫。常规做法是，以联合疗法泡罩包装的形式向患者提供药片，其中青蒿素药片和联用药物药片被联合包装在一起，作为一整份让患者服用（例如青蒿琥酯加阿莫地喹的联合包装，或青蒿琥酯加磺胺多辛–乙胺嘧啶的联合包装）。与这些多药泡罩包装相比，预制组方（如蒿甲醚–苯芴醇、青蒿琥酯–阿莫地喹、双氢青蒿素–哌喹）更可取，因为这些组方确保了每种药物都有适当的服用剂量，并且还保证患者不会丢弃联用药物而单独服用青蒿素药品（常见原因是许多联用药物的耐受性较低，或患者不了解同时服用两种药物的必要性）（Banek等，2014；Global Malaria Programme，2014）。事实表明，患者对ACT（无论是预制组方还是多药联合包装）的依从性变化极大，这既取决于药物，也取决于国别（Banek等，2014）。

许多因素导致青蒿素耐药形成，其中最值得关注的一个因素可能就是全球市场上不合格和伪劣药物（SF）的供应源源不断。2017年，世界卫生大会给出的SF药物的定义是：已获批但不符合质量标准或规范的药物，或在成分、鉴定或来源信息方面故意歪曲的药物（第七届世界卫生大会，2017）。虽然SF药物并非新鲜事物（Tabernero等，2014），但不能低估SF药物对全球疟疾危机的潜在促进作用，因为在许多地区青蒿素都是硕果仅存的唯一一种有效抗疟药物。全球抗疟耐药网（WWARN）数据库是一个免费数据库，汇编了过去60年的抗疟质量报告；对数据库的分析发现，在有抗疟质量报告可供使用的国家中，62%的口服青蒿琥酯不合格或为伪劣品；这些药物中39.3%被认定为伪劣品（特定活性成分错误或缺失），2.3%不合格（制造程序出错或为降解产物），58.3%被泛泛归类为"劣质"

（化学测试失败，正确活性成分的证据缺如，且没有包装分析）（Tabernero等，2014）。虽然市场上现有抗疟药物的短缺令人震惊，但好消息是有几个组织专门负责追查市场上的SF药物，仅略举几例，如追查不合格品和伪劣品的WHO全球监测系统，国际刑警组织的非法商品及全球卫生小组，以及国际制药商协会联合会（Interpol；Tabernero等，2014；WHO，2017a）。然而，为了改善供给获得高质量药物的机会，仍有一些重要的空白需要填补。要确保所有需求者都能得到负担得起的、高质量的ACT药品，因为当国家无力提供免费或有补贴的药品时，费用就会落在消费者身上。这种情况下，消费者不得不在市场上可供使用的不同青蒿素治疗方案之间做出选择，最常见的选择是伪劣品或不达标药品，或青蒿素单药治疗。必须在国际、国家、地区等不同层面上采取行动，解决国际法律框架、全球供应链治理、新技术投资等方方面面的问题，帮助各个国家将抗疟药提供给有需求群体（Bassat等，2016）。

3　引发全球关注的原因

3.1　死亡率、发病率与资金

必须防止青蒿素耐药性的蔓延，特别是防止其蔓延到世界上那些疟疾高度流行、唯有青蒿素可有效治疗单纯性疟疾的地区，如果蔓延到那里，将是其他抗疟药物耐药性上升的灾难性事件的重演。据估计，仅仅由于氯喹耐药，疟疾致死人数就翻了一番。之所以出现耐药性，部分原因是始于1955年的疟疾根除计划，该计划后来偏离正轨，在1969年被放弃（Tanner，de Savigny，2008）。虽然人们希望青蒿素耐药带来的影响不会比氯喹耐药的影响严重，毕竟联合用药不断增多，还对耐药性进行了广泛的监测（WHO，2018a），但2014年进行的一项模拟研究估计，如果全球青蒿素耐药率达到30%，则每年将有116 000例额外死亡病例，其中大部分将集中在撒哈拉以南的非洲地区（Lubell等，2014）。

耐药不仅带来死亡率的升高，还会引起患病率剧增。感染了耐药型疟疾的患者，疾病持续时间延长，因为他们在初治时无法清除疟原虫，需要额外的病休时间，需要反复到医疗机构就诊，这给患者家庭带来了巨大的经济负担。据预测，到2020年，青蒿素耐药性将导致多达7800万例额外的临床病例出现，导致惊人的生产力损失（3.85亿美元）（Slater等，2016；Ouji等，2018）。也已证实，抗疟药物耐药会导致严重贫血和低出生体重儿的病例数增多，从而影响这些人的远期生产力和预后（Björkman，2002；WHO，2010b）。从经济学角度看，耐药型疟原虫迫使各国处于尴尬境地，为让更多人得到治疗，只能选择明知疗效较低的药物，这就造成耐药性的传播；或改用新的、更昂贵的药物，这些药物不太可能治疗无效，但只能满足一小部分人的治疗之需。据估计，抗疟药物的耐药性使疟疾治疗费用增高了10倍，这使得许多国家在财政上举步维艰，无法为所有患者提供足够的ACT治疗（Foster，2010）。虽然有一些机制已落实到位，可以资助疟疾的诊治，但并不是所有国家都能得到财政支持，捐助机构正试图转向另一种模式，即鼓励各国在国内投入更多资金。2017年，疟疾流行地区的各国政府将投入3亿美元用于疟疾的诊治工作（WHO，2018a）。据估计，每次全球政策转型（两种ACT之间的转换），可能需要高达1.3亿美元的资金（Lubell等，2014）。减疟伙伴项目进行了一项分析，结果发现2017年，疟疾诊治资金投入与各国全面执行国家疟疾战略计划所需资金之间存在50%的缺口（减疟伙伴项目，2018）。虽然全球支持有所增加，但许多地区的早期资金投入不足，使各国有可能因使用有效性不足的药物而形成耐药性，使发病率和死亡率升高（Foster，2010）。为了确保治疗资金落实到位，保证资金投入的可持续性，有必要加强政治动员和全球合作，加大对研究和基础设施的投入。

3.2　疟原虫控制失败情况下的耐药性

随着疟疾治疗难度的不断加大，要把疟疾的预防放在首位。几十年来，大量资金投入都被用于多种疟原虫防控措施，以达到预防疟原虫感染的目的。在所有疟疾流行的地区都广泛使用了驱虫蚊帐（ITN）和杀虫剂的室内滞留喷洒（IRS），但幼虫源防控仍然局限于非洲以外的地区。自2007年以来，世界卫生组织的官方建议是将ITN普及到所有高危人群，这导致驱虫蚊帐分销渠道的大规模扩张。自2010年以来，平均有54%的家庭至少拥有一个ITN，而且可获得ITN渠道不断增多，包括全国大规模驱虫蚊帐分发、产前保健诊所分发、儿童免疫诊所分发和学校分发。室内滞留喷洒（IRS）自20世纪50年代以来一直用于预防疟疾，当时IRS是全球消灭疟疾运动期间的主要病媒控制措施。虽然近几年来喷洒面积曾一度缩小，但2017年仍有1.16亿人因此得到保护（WHO，2018a）。不幸的是，正如抗疟药物耐药性一样，传播疟疾的疟蚊也对杀虫剂产生了耐药性，使病媒控制方法的效果降低。

目前行销全球的ITN都含有拟除虫菊酯（氯菊酯、α-氯氰菊酯、溴氰菊酯或氯氟氰菊酯），此类杀虫剂同时也是IRS所使用的四种杀虫剂中的一种。拟除虫菊酯安全、耐用，可有效用于预防疟疾的传播。有两种机制可导致拟除虫菊酯耐药性的形成：kdr基因的靶点抗性（抑制了杀虫剂受体的结合）、代谢抗性（代谢酶把杀虫剂分解）（2018a）。靶点抗性是基于拟除虫菊酯的防控方法有效性降低的最常见原因，而且能把交叉耐药性传递给具有相同作用机制的其他类别的杀虫剂，如DDT（WHO，2015b）。

首例拟除虫菊酯类抗药性所致疟疾防控无效事件，发生在南非夸祖鲁－纳塔尔，该地区1996年开始使用基于拟除虫菊酯的IRS。截至2000年，疟疾病例增至4倍，作为病媒的疟蚊卷土重来（2018a）。自那时起，拟除虫菊酯耐药在东南亚的许多地区以及非洲都有了显著增长。为应对这一情况，实施了综合耐药性管理方案，以保持杀虫剂的有效性。《全球杀虫剂耐药性管理规划》建议，计划进行IRS测试的国家应该针对不同类别的杀虫剂进行媒介敏感性测试。有这些数据在手，这些国家即可制定计划，交替使用杀虫剂喷洒，使用马赛克喷洒，或使用混合杀虫剂（目前仍处于现场测试阶段，尚无法大规模应用）（减疟伙伴项目，2012）。也有必要确定如下问题：用于预防疟疾的IRS是否是造成选择压力的唯一原因？在特定地区是否还因为农业用途或本地病虫害防治而导致杀虫剂耐药性的形成？

人们还已经研发出基于拟除虫菊酯ITN的替代品，在有限范围内使用。这些第二代ITN含有拟除虫菊酯和另一种活性成分，其中最常见的是增效剂胡椒基丁醚（PBO）。PBO可以通过抑制蚊子体内的P450氧化酶来提高拟除虫菊酯类杀虫剂在耐药蚊中的有效性，P450氧化酶在某些环境下会隔离拟除虫菊酯类杀虫剂。但由于拟除虫菊酯类杀虫剂耐药机制的变化，与标准拟除虫菊酯ITN相比第二代ITN的优势尚不清楚，因此第二代ITN定价更高理由并不充分（Global Malaria Programme，2015a）。另一类第二代市售ITN要么含有"首创杀虫剂"虫螨腈，要么含有类似保幼激素的吡丙醚。虫螨腈一旦被蚊子的P450酶切割就变得有毒，这在使用PBO蚊帐的地区会有问题，因为用来激活虫螨腈所需的P450酶可被PBO抑制。因此不建议同时支搭上述两类蚊帐。吡丙醚不会杀死蚊子，只是通过抑制成虫羽化和卵子生成来发挥作用，从而让蚊子绝育（MacDonald，2015）。此外，成年蚊子若接触过含有吡丙醚的ITN，吡丙醚即可通过成年蚊子自动传播到幼虫繁育地，从而抑制蚊子的总体数量（Ohba等，2013）。

杀幼虫剂是各国可以选择预防疟疾的另一种药物。虽然杀幼虫方案在一定程度上有助于消灭既往流行地区的疟疾，但目前WHO的建议是：由于缺乏杀幼虫方案在控制播散方面的有效性数据，所以杀幼虫方案应用作其他控制传播方法的补充。疟疾的杀幼虫方案存在难度，因为需要处理的幼虫来源必须是可识别的，并且要足够小以实现控制；WHO指导方针提出了杀幼虫剂的三个原则：量少、固定、可找到（Global Malaria Programme，2012）。在很多蚊子栖息地，幼虫来源随着气候模式的变更和城市化的进程而改变，这使得杀幼虫控制措施难以进行。杀幼虫剂作为一种间接灭蚊方法，也面临着固有的难点；它们确实可以在蚊子摄食或感染之前减少其数量，但很少有证据表明杀幼虫剂治疗可减少人类感染疟疾。在疟疾传播率很高的环境中，光有杀幼虫剂是不够的，需要配合其他干预措施（Fillinger等，2009；Global Malaria Programme，2012）。已有几种不同的杀幼虫剂获批使用，包括抑制幼虫营养的微生物杀虫剂、吡丙醚等昆虫生长抑制剂、作用于蚊子神经系统的有机磷杀虫剂，以及油烟窒息剂，这些油烟窒息剂在繁殖源上形成一层未成熟蚊子的虹吸管无法穿透的薄膜（Choi，Wilson，2017）。以杀虫剂为主要成分的杀幼虫剂与IRS和ITN一样，都有出现耐药性的危险；而可以选择的其他制剂，如表面油或醇基制剂，不是有效性低，就是对非目标物种存在毒性（Antonio-Nkondjio 等，2018）。这些问题，再加上药物部署上的难点，降低了杀幼虫剂的效用，东南亚以外的国家大都不再使用它们来预防疟疾。

随着杀虫剂耐药性的不断蔓延，需要具有新型作用机制的新型杀虫剂。与任何新产品一样，其研究和开发需要时间和资金，监管渠道要保证新药具备安全性和有效性，方可获批。对于已获批用于农业的杀虫剂，"创新病媒控制联合会"等团体及其合作伙伴正在评估它们在 ITN 或 IRS 中的适用性，以此来缩短新药的研发过程。通过上述程序，研发出了许多新产品，要么已投放市场，要么正在开发之中（Hemingway 等，2016；2018b）。但是，含杀虫剂的新型产品一般来说比普通预防药物价格昂贵，这会对新药在许多国家中的应用造成阻碍。由于疟疾的有效预防方式不多，人们将更加依赖针对疟疾的治疗，这使得在开发新手段和保持现有手段的有效性之间，如何平衡研究时间和资金投入显得极具挑战性。除非通过更好的全球投资和合作来设计解决方案，否则杀虫剂的耐药性再加上抗疟药的耐药性，可能导致发病率和死亡率的显著升高。

4　对耐药性的遏制

尽管在青蒿素耐药性及其潜在全球影响方面，有许多令人关切的问题和未知情况，但从其他抗疟药物的耐药性中总结的经验和吸取的教训为正在实施的针对疟疾的控制和遏制战略提供了基石。由 WHO 全球疟疾方案牵头，在全球制定了若干计划，以解决合适药物的获取问题和青蒿素耐药性的问题，包括与《2000—2010 年全球抗疟药物疗效和耐药性报告》（WHO，2010b）一起制定的《遏制青蒿素耐药性全球计划》（WHO，2011）。上述文件阐述了通过了解耐药性出现的地点和原因，保持 ACT 有效性所需要的步骤，并建议采取积极的步骤来遏制已经形成的耐药性。2016 年发布了新版《针对疟疾的全球技术战略》，描绘了到 2030 年减少或清除疟疾这一愿景（Global Malaria Programme，2015b）。治疗相关指南包括：确保提供高品质的抗疟药物，加强对这些药物的质量和疗效的监测，快速诊断的升级以确保合理治疗，从全球市场上消除不合格的抗疟药物，以及在大湄公河次区域消灭疟疾，以遏制青蒿素耐药性的蔓延（Global Malaria Programme，2015b）。虽然在许多方面取得了进展，但仍有许多工作需要进行。

4.1　可供选择的新治疗手段

从《疟疾药物风险投资》（1999）开始，被忽视疾病药物倡议组织利用与制药公司和慈善组织的合作，创立新药研发伙伴关系（Frankish，2003）。数据共享平台，如疟疾箱［疟疾箱从 400 万样品中发现了 2 万种具有抗恶性疟原虫

（*P.falciparum*）活性的化合物］，体现了人们做出的种种努力，公开了潜在药物成分和具有抗疟疾特性的化合物的信息来源，供研究之用（Van Voorhis等，2016）。尽管对这些化合物的研究仍在继续，但它们在未来几年内还不能投入市场。目前，有13种抗疟药物处于不同的研发阶段，主要是治疗单纯性疟疾的裂殖体杀灭剂（Ashley，Phyo，2018）。这些药物仍在测试中，主要用作单药或双药治疗，但一些药物有望用作ACT方案中的联用药物。特别是疟原虫复制抑制剂，如臭氧化合物、咪唑啉哌嗪类和西帕加明，表现出快速减少寄生虫负荷的能力，这是ACT联用药物的理想特性。后续研发工作需要侧重于对孕妇和儿童安全的药物，因为这些人受疟疾感染的影响最大。对于目前可用于这些易感人群的药物，还需要对恰当的剂量制定、时间安排和治疗持续时间进行更多的研究（Ashley，Phyo，2018）。

　　青蒿素耐药性本身需要在疟原虫的整个生命周期内进行严格的评估，药物治疗方案需要根据生命周期予以优化，以遏制耐药性。目前的青蒿素三天治疗方案旨在增加依从性，但更长时间的青蒿素暴露可能更加可取，因为这样可确保存在滋养体时有足够的药物滴度（Wang等，2017）。Wang等提出了克服耐药性的其他策略：①将单次给药拆分为两次给药；②增加每日给药次数；③延长治疗持续时间；④采用三联疗法。所有这些备选措施均可延长疟原虫暴露于有效药物的时间，从而将疟原虫敏感阶段暴露于治疗药物之下，且没有导致联用药物耐药的风险出现。

4.2　耐药性的监测

　　1996年WHO引入了一项治疗有效性研究的标准方案，以监测抗疟有效性和耐药性。2000年，创建了全球抗疟药物有效性和耐药性数据库，用作中央存储库，可以向其上报多种来源的治疗有效性研究数据和分子标记物调查数据（WHO，2019）。因为耐药性的监测工作可以实时提供耐药性形成地点和形成速度的信息，还能帮助各个国家决定哪种ACT最有效（特别是应该选择哪种联用药物），所以监测工作是遏制耐药性的关键组成部分。对分子标记物的监测应包括：追踪*pfkelch13*的多态性以监测对青蒿素的耐药，追踪*pfplasmepsin 2-3*的多态性以监测对哌喹的耐药，追踪*pfmdt1*的多态性以监测甲氟喹耐药，追踪*pfcrt*的多态性以监测对氯喹的耐药。WHO建议每两年使用治疗有效的标准方案进行一次监测，若10%以上的样品耐药，则建议变更国家政策，采用新型ACT（WHO，2009；Global Malaria Programme，2015b）。这就要求各国设立国家级监测站，并具备进行必要检测的能力，以判定疟原虫清除延迟的范围有多大，引起耐药的多态性有哪些，治疗无效是否由于复发或再次感染所致（WHO，2019）。当然，这些监测系统需要资金投入、物资供给和人力资源。人员必须接受实验室操作技术的专门培训，或是治疗无效时流行病学资料记录的专门培训。

由于药物有效性和耐药性监测是确保青蒿素持续有效的一项重要工作，因此创立了许多协作监测项目，以协助数据的收集、合成和传播。世界卫生组织于2017年发布了疟疾威胁图谱，其中包含来自全球数据库有关抗疟药物有效性和耐药性的数据。这些图谱包括有关抗疟药耐药性、恶性疟原虫（*P. falciparum*）*hrp2/3*基因缺失、抗疟药有效性和耐药性的信息，在信息的阐述方面经过协调处理，有利于按地域、抗疟基因、耐药基因进行亚组分析（WHO，2017b）。大型合作项目之一是全球抗疟耐药网（WWARN），成立于2009年。WWARN汇集了研究人员、资助机构和政策合作伙伴，包括比尔及梅琳达·盖茨基金会、美国国际开发署、英国国际开发部、多家私营公司等，其任务是通过统一数据、提供分析工具和支持高质量数据的收集活动，向各国提供抗疟药物的耐药性证据（WWARN，2016）。WWARN还协助建立了青蒿素耐药性追踪合作组（TRAC），证明某些K13突变、疟原虫清除延迟均与青蒿素治疗无效有关（Ashley等，2014）。该项目已扩展至TRAC II研究，以继续监测并测试青蒿素三联疗法的有效性。最后，在2014年启动了K13青蒿素耐药性多中心评估（KARMA）研究，在59个国家的163家中心对K13突变进行了分子监测，并提供了大量关于同义突变和非同义突变在全球出现和传播的信息（Menard等，2016）。这些监测活动提供了大量关于青蒿素耐药性出现和传播的信息，并将继续帮助国家及全球抗疟项目了解如何让ACT得到最佳利用。

4.3 提高药品质量

应采取切实步骤，通过确保获得高质量的药品来改善药物治疗效果，这是大幅降低发病率和死亡率的最佳途径之一。事实上，这是2016—2030全球抗疟技术规划的首要支柱，主张"在公立及私立卫生机构内，以及在社区层面，推行针对疟疾的普遍诊断，以及快速而有效的治疗"（Global Malaria Programme，2015b）。若有药品供货渠道来获得世界卫生组织推荐的抗疟药物，即可保证这一点。但是，为了保证达到这一目标，必须满足几个考虑因素。

如前文所述，SF抗疟药仍是大多数疟疾流行地区的问题所在。为解决这一问题，WHO针对SF药物建立了全球监测和监督系统（GSMS），目标旨在收集数据并对威胁进行快速应对，同时确保这些数据的用途是对全球药物政策产生影响，从而对全球药品供应链有深刻的洞察（WHO，2017a）。截至2017年，共有126个成员国递交了1500多份报告，为GSMS做出了贡献。但是，真要把这些SF抗疟药从市场中去除，却涉及多层次的工作。首先，各国必须有一个严格的监管机制，调查药店和卫生设施等药物供应点，以确保不开具假冒和不适当的疗法处方（如青蒿素单药疗法），并禁止抗疟药物的非处方销售（Global Malaria Programme，2015b）。一旦无法得到这些药物，就必须有高质量的替代品可供使用，就是说要确保供应链正常运行，并向需求者提供免费治疗或费用补贴治疗。WHO为含青蒿素的疗法的开发和采购制定了标准规范，从筹资机制到产品储存和分销，再到药物质量变化的监测，在程序步骤上事无巨细，面面俱到，帮助各国满足这些要求（Global Malaria Programme，2010）。应在国家方案和国际实体（包括私营药品生产商和捐助机构）之间建立伙伴关系，以提供普遍渠道来获得高质量抗疟药物，这对于所有饱受疟疾之苦的人群都是有利的。

4.4　疟疾疫苗

由于疟原虫的生命周期复杂，疟原虫发育的许多阶段处于细胞内，疟原虫体型较大，而且表面表位存在异质性，所以疟疾疫苗的开发难度很大。有效的疫苗要能诱导宿主产生广泛的中和抗体以及强烈的T细胞应答。与大多数传染性疾病相比，尚未发现针对恶性疟原虫（*P. falciparum*）的天然无菌免疫，因而还没有某种天然免疫机制可用作疟疾免疫策略的范例。一些疫苗在没有得过疟疾的人群中取得了成功，但在流行地区却举步维艰。截至2019年，处于研发之中的疫苗有：RTS、S/AS01、PfsPZ、Pfs 230/Alhydrogel、Pfs 230/AS01。

Mosquirix（RTS，S/AS01）是由沃尔特·里德陆军研究所（WRAIR）与葛兰素史克生物制品公司合作开发的，1984年开始规划和开发，2009年开始进入Ⅲ期临床试验。RTS，S/AS01疫苗需接种3次，分别在第0、1、2个月接种，然后在第20个月进行加强接种。该疫苗是一种红细胞前期（环子孢子蛋白）重组亚基，具有乙肝病毒表面抗原（HBsAg）病毒样颗粒，其佐剂为AS01(两种免疫刺激剂：3-O-脱乙酰基-4′-单磷酰酯A、纯化皂苷（QS-21）与脂质体的结合体)（Kaslow，Biernaux，2015；Didierlaurent等，2017）。在6～12周及5～17月龄的婴幼儿中进行了首次免疫接种的Ⅲ期试验，结果显示婴幼儿接种疫苗后避免临床疟疾发病的有效率为36.3%（95%CI：31.8～40.5）及25.9%（95%CI：19.9～31.5）。这种效力不大的疫苗，在5～17月龄的婴幼儿组别内，1000人中避免了1774（1387～2186）例临床疟疾的发病；在6～12月龄的婴幼儿组别内，1000人中避免了983（592～1337）例临床疟疾的发病。据观察，严重不良事件（特别是脑膜炎）在5～17月龄的疫苗接种组内呈显著升高的趋势，尚待进一步调查研究（《RTS，S临床试验合作者》，2015）。对该组进行了为期7年的随访，结果引发了对反弹效应的忧虑，也有临床发病年龄推移的担心（Olotu等，2016）。尽管保护措施有限，但病例数量的减少、严重疾病可能性的降低，仍然使RTS，S疫苗可能成为减少疟疾患病压力的关键工具。

PfsPZ疫苗的研发已有十余年之久，使用了来自恶性疟原虫（*P. falciparum*）NF54分离株的无菌、纯化、冷冻保存的孢子体（Lyke等，2010；Epstein等，2011）。未患疟疾的个体的临床试验给出了极好的免疫激发保护效果，但在疟疾流行地区进行的试验中，这一点较难实现，估计疫苗的效力为0.517（Sissoko等，2017）。这项工作虽然理论根据清楚，但由于疫苗的静脉接种方法和储存要求，在实际操作上却是一个重大挑战，难以在一定规模上充分奏效。

阻断传播疫苗（TBV）作用于疟原虫有性发育阶段，可作为消除疟疾措施的一个组成部分。虽然疫苗并没给疫苗接种者带来已知的临床受益，但它们可以用来防止疫苗接种者将疟原虫传给他人。有多种TBV目前处于研发之中，其中Pfs25-EPA在疟疾暴露的成年人群中的应用尤为成功（Sagara等，2018）。当把TBV疫苗与RTS，S等方法联合使用时，可以在群体水平增强防护效果，其机制是既防止人类个体感染疟原虫，又防止已感染的个体将疟原虫传给别人。

5 结论

早在人们开始付诸努力清除疟疾之时，耐药型疟疾就已经造成了重重阻碍。虽然人们已经从氯喹和乙胺嘧啶耐药性形成这一经验中吸取了教训，但在令人震惊的全球形势下，青蒿素耐药性的出现带来了新的挑战。由于青蒿素是某些地区最后一种有效的抗疟药，所以青蒿素若无效则会出现灾难性后果；如果青蒿素耐药出现在病媒控制不力的地区，后果就更严重了。如果无法治愈病例是由于病媒干预措施无效所致，则发病率和死亡率的增加可能远远超过氯喹耐药型疟疾大规模传播所导致的情况。

然而，只要有合适的工具来应对这一威胁，通过国家和全球投资与关注，这场危机即可在进一步失控之前得到遏制。整个东南亚和非洲都有监测网络，以观察对青蒿素及其联用药物产生耐药性的突变的出现，并监测ACT的疗效。人们正在研发具有全新作用机制的新型抗疟药和杀虫剂，有可能降低死亡率的疟疾疫苗即将问世。这些措施的广泛使用仍然存在障碍，包括对持续可靠资金供给的需求难以满足、向孕妇和儿童等弱势群体提供援助难以实现、难以保证新措施不会降低原有措施的效力、难以保证新工具开发和批准所花费的时间和资金处在可控范围之内。然而，只要全世界人民一起努力，疟疾的控制就能够取得可持续进展。

6 资金状况说明

本章的部分资金由美国国立卫生研究院过敏与传染病研究所院内研究部提供。本出版物的内容不一定反映卫生与公共服务部的观点或政策；所述及商品名称、商业产品或组织并不意味着得到了美国政府的认可。

参 考 文 献

Achan J, Talisuna AO, Erhart A et al (2011) Quinine, an old anti-malarial drug in a modern world: role in the treatment of malaria Background and historical perspective

ACTwatch Group (2017) Insights into the availability and distribution of oral artemisinin monotherapy in Myanmar: evidence from a nationally representative outlet survey. Malar J 16. https://doi.org/10.1186/s12936-017-1793-0

Antonio-Nkondjio C, Sandjo NN, Awono-Ambene P, Wondji CS (2018) Implementing a larviciding efficacy or effectiveness control intervention against malaria vectors: key parameters for success. Parasit Vectors 11:57. https://doi.org/10.1186/s13071-018-2627-9

Arrow KJ, Panosian C, Gelband H (eds) (2004a) A brief history of Malaria. In: Saving lives, buying time: economics of malaria drugs in an age of resistance. The National Academies Press, Washington, DC

Arrow KJ, Panosian C, Gelband H (eds) (2004b) Antimalarial drugs and drug resistance. In: Saving lives, buying time: economics of malaria drugs in an age of resistance. National Academies Press, Washington, DC

Arrow KJ, Panosian C, Gelband H (eds) (2004c) The case for a global subsidy of antimalarial drugs. In: Saving lives, buying time: economics of malaria drugs in an age of resistance. National Academies Press, Washington, DC

Ashley EA, Dhorda M, Fairhurst RM et al (2014) Spread of artemisinin resistance in *Plasmodium falciparum* malaria. N Engl J Med 371:411-423. https://doi.org/10.1056/nejmoa1314981

Ashley EA, Phyo AP (2018) Drugs in development for malaria. Drugs 78:861-879. https://doi.org/10.1007/s40265-018-0911-9

Ataíde R, Ashley EA, Powell R et al (2017a) Host immunity to *Plasmodium falciparum* and the assessment of emerging artemisinin resistance in a multinational cohort. https://doi.org/10.1073/pnas.1615875114

Ataíde R, Powell R, Moore K et al (2017b) Declining transmission and immunity to malaria and emerging artemisinin resistance in Thailand: a longitudinal study. J Infect Dis 216:723-754. https://doi.org/10.1093/infdis/jix371

Banek K, Lalani M, Staedke SG, Chandramohan D (2014) Adherence to artemisinin-based combination therapy for the treatment of malaria: a systematic review of the evidence

Bassat Q, Tanner M, Guerin PJ et al (2016) Combating poor-quality anti-malarial medicines: a call to action. Malar J 15. https://doi.org/10.1186/s12936-016-1357-8

Bhatt S, Weiss DJ, Cameron E et al (2015) The effect of malaria control on *Plasmodium falciparum* in Africa between 2000 and 2015. Nature 1-9. https://doi.org/10.1038/nature15535

Björkman A (2002) Malaria associated anaemia, drug resistance and antimalarial combination therapy. Int J Parasitol 32:1637-1643

Blasco B, Leroy D, Fidock DA, Author NM (2018) Antimalarial drug resistance: linking *Plasmodium falciparum* parasite biology to the clinic. Nat Med 23:917-928. https://doi.org/10.1038/nm.4381

Bloland PB, Williams HA (2002) Malaria control during mass population movements and natural disasters. The National Academies Press, Washington, DC

Chenet SM, Akinyi Okoth S, Huber CS et al (2016) Independent emergence of the *Plasmodium falciparum* Kelch Propeller Domain Mutant Allele C580Y in Guyana. J Infect Dis 213:1472- 1475. https://doi.org/10.1093/infdis/jiv752

Choi L, Wilson A (2017) Larviciding to control malaria. Cochrane Database Syst Rev. https://doi.org/10.1002/14651858.cd012736

ClinicalTrials.gov—NCT02453308 ClinicalTrials.gov—NCT02453308. https://clinicaltrials.gov/ ct2/ show/study/NCT02453308. Accessed 24 Apr 2019

Denis MB, Tsuyuoka R, Poravuth Y et al (2006) Surveillance of the efficacy of artesunate and mefloquine combination for the treatment of uncomplicated falciparum malaria in Cambodia. Trop Med Int Health 11:1360-1366. https://doi.org/10.1111/j.1365-3156.2006.01690.x

Desai M, Gutman J, Taylor SM et al (2016) Impact of sulfadoxine-pyrimethamine resistance on effectiveness of intermittent preventive therapy for malaria in pregnancy at clearing infections and preventing low birth weight. Clin Infect Dis 62:323-333. https://doi.org/10.1093/cid/ civ881

Didierlaurent AM, Laupèze B, Di Pasquale A et al (2017) Adjuvant system AS01: helping to overcome the challenges of modern vaccines. Expert Rev Vaccines 16:55-63. https://doi.org/10.1080/14760584.2016.1213632

Dondorp AM, Smithuis FM, Woodrow C, Von Seidlein L (2017) How to contain artemisinin- and multidrug-resistant falciparum malaria. Trends Parasitol 33. https://doi.org/10.1016/j.pt.2017.01.004

Doumbo OK, Kayentao K, Djimde A et al (2000) Rapid selection of *Plasmodium falciparum* Dihydrofolate Reductase Mutants by Pyrimethamine Prophylaxis. J Infect Dis 182:993-996. https://doi.org/10.1086/315787

Elliotson J (1844) Principles and practices of medicine. Joseph Butler, London

Epstein JE, Tewari K, Lyke KE et al (2011) Live attenuated malaria vaccine designed to protect through hepatic CD8 + T Cell Immunity. Science (80-) 334:475 LP-480. https://doi.org/10. 1126/ science.1211548

Fillinger U, Ndenga B, Githeko A, Lindsay SW (2009) Integrated malaria vector control with microbial larvicides and insecticide-treated nets in western Kenya: a controlled trial. Bull World Health Organ 87:655-665. https://doi.org/10.2471/BLT.08.055632

Food and Drug Administration (2009) Prescribing information. Coartem

Foster S (2010) The economic burden of antimicrobial resistance in the developing world. In: Sosa ADJ, Byarugaba DK, Amabile C, Hsueh P-R et al (eds) Antimicrobial resistance in developing countries. Springer, New York, pp 365-384

Frankish H (2003) Initiative launched to develop drugs of neglected diseases. Lancet 362:135. https://doi.org/10.1016/S0140-6736 (03)13900-1

Global Malaria Programme (2010) Good procurement practices for artemisinin-based antimalarial medicines, Geneva, Switzerland

Global Malaria Programme (2012) Interim position statement the role of larviciding for malaria control in sub-Saharan Africa, Geneva, Switzerland

Global Malaria Programme (2014) Emergence and spread of artemisinin resistance calls for intensified efforts to withdraw oral artemisinin-based Monotherapy from the market

Global Malaria Programme (2015a) Conditions for use of long-lasting insecticidal nets treated with a pyrethroid and piperonyl butoxide, Geneva, Switzerland

Global Malaria Programme (2015b) Global technical strategy for malaria 2016-2030, Geneva, Switzerland

Global Malaria Programme (2018) Artemisinin resistance and artemisinin-based combination therapy efficacy (Status report-August 2018)

Hay SI, Snow RW (2006) The malaria atlas project: developing global maps of malaria risk. PLoS Med 3:e473. https://doi.org/10.1371/journal.pmed.0030473

Hemingway J, Shretta R, Wells TNC et al (2016) Tools and strategies for malaria control and elimination: what do we need to achieve a grand convergence in malaria? PLoS Biol 14: e1002380. https://doi.org/10.1371/journal.pbio.1002380

Imwong M, Suwannasin K, Kunasol C et al (2017) The spread of artemisinin-resistant *Plasmodium falciparum* in the Greater Mekong subregion: a molecular epidemiology observational study. Lancet Infect Dis 17:491-497. https://doi.org/10.1016/S1473-3099 (17) 30048-8

Interpol Illicit goods—Pharmaceutical crime operations. https://www.interpol.int/en/Crimes/Illicit-goods/Pharmaceutical-crime-operations. Accessed 7 Apr 2019

Jiang J-B, Li G-Q, Guo X-B et al (1982) Antimalarial activity of mefloquine and qinghaosu. Lancet 2:285-288

Kachur SP, Abdulla S, Barnes K et al (2001) Letters to the editors. Trop Med Int Health 6:324-325. https://doi.org/10.1046/j.1365-3156.2001.0719a.x

Kamau E, Campino S, Amenga-Etego L et al (2015) K13-propeller polymorphisms in *Plasmodium falciparum* parasites from Sub-Saharan Africa. J Infect Dis 211. https://doi.org/10.1093/infdis/jiu608

Kaslow DC, Biernaux S (2015) RTS, S: toward a first landmark on the Malaria Vaccine Technology Roadmap. Vaccine 33:7425-7432. https://doi.org/10.1016/j.vaccine.2015.09.061

Laufer MK, Thesing PC, Eddington ND et al (2006) Return of chloroquine antimalarial efficacy in Malawi

Lubell Y, Dondorp A, Guérin PJ et al (2014) Artemisinin resistance-modelling the potential human and economic costs

Lyke KE, Laurens M, Adams M et al (2010) *Plasmodium falciparum* malaria challenge by the bite of aseptic anopheles stephensi mosquitoes: results of a randomized infectivity trial. PLoS One 5:e13490. https://doi.org/10.1371/journal.pone.0013490

MacDonald M (2015) Landscape of new vector control products

MalariaGEN Plasmodium falciparum Community Project (2016) Genomic epidemiology of artemisinin resistant malaria. Elife 5. https://doi.org/10.7554/elife.08714.001

Maude RJ, Woodrow CJ, White LJ (2010) Artemisinin antimalarials: preserving the "'magic bullet'". Drug Dev Res 71:12-19. https://doi.org/10.1002/ddr.20344

Mbengue A, Bhattacharjee S, Pandharkar T et al (2015) A molecular mechanism of artemisinin resistance in *Plasmodium falciparum* malaria. Nature 520:683

Menard D, Khim N, Beghain J et al (2016) A worldwide map of *Plasmodium falciparum* K13-Propeller Polymorphisms. N Engl J Med 374. https://doi.org/10.1056/nejmoa1513137

Mok S, Ashley EA, Ferreira PE et al (2015) Population transcriptomics of human malaria parasites reveals the mechanism of artemisinin resistance. Science (80-) 347:431. https://doi.org/10.1126/science.1260403

Nair S, Li X, Arya GA et al (2018) Fitness costs and the rapid spread of kelch13-C580Y substitutions conferring artemisinin resistance. Antimicrob Agents Chemother 62:e00605- e00618. https://doi. org/10.1128/AAC.00605-18

Ocan M, Akena D, Nsobya S et al (2019) Persistence of chloroquine resistance alleles in malaria endemic countries: a systematic review of burden and risk factors. Malar J 18:52. https://doi. org/10.1186/s12936-019-2716-z

Ohba S-Y, Ohashi K, Pujiyati E et al (2013) The effect of pyriproxyfen as a "population growth regulator" against *Aedes albopictus* under semi-field conditions. PLoS One 8:e67045. https:// doi. org/10.1371/journal.pone.0067045

Olliarol P, Trigg P (1995) Status of antimalarial drugs under development. Bull World Health Organ 73:565-571

Olotu A, Fegan G, Wambua J et al (2016) Seven-year efficacy of RTS, S/AS01 malaria vaccine among young African children. N Engl J Med 374:2519-2529. https://doi.org/10.1056/ NEJMoa1515257

Ouji M, Augereau J-M, Paloque L, Benoit-Vical F (2018) *Plasmodium falciparum* resistance to artemisinin-based combination therapies: a sword of Damocles in the path toward malaria elimination. Parasite 25:24. https://doi.org/10.1051/parasite/2018021

Plowe CV (2009) The evolution of drug-resistant malaria. Trans R Soc Trop Med Hyg 103:S11- S14. https://doi.org/10.1016/j.trstmh.2008.11.002

Rocamora F, Zhu L, Liong KY et al (2018) Oxidative stress and protein damage responses mediate artemisinin resistance in malaria parasites. PLOS Pathog 14:e1006930

Rogers WO, Sem R, Tero T et al (2009) Failure of artesunate-mefloquine combination therapy for uncomplicated *Plasmodium falciparum* malaria in southern Cambodia. Malar J 8:10. https:// doi. org/10.1186/1475-2875-8-10

Roll Back Malaria Partnership (2012) Global plan for insecticide resistance management, Geneva, Switzerland

Roll Back Malaria Partnership (2018) RBM partnership annual report 2017, Geneva, Switzerland

RTSS Clinical Trials Partnership (2015) Efficacy and safety of RTS, S/AS01 malaria vaccine with or without a booster dose in infants and children in Africa: final results of a phase 3, individually randomised, controlled trial. Lancet 386:31-45. https://doi.org/10.1016/S0140-6736 (15)60721-8

Sagara I, Healy SA, Assadou MH et al (2018) Safety and immunogenicity of Pfs25H-EPA/ Alhydrogel, a transmission-blocking vaccine against *Plasmodium falciparum*: a randomised, double-blind, comparator-controlled, dose-escalation study in healthy Malian adults. Lancet Infect Dis 18:969-982. https://doi.org/10.1016/S1473-3099 (18)30344-X

Scott N, Ataide R, Wilson DP et al (2018) Implications of population-level immunity for the emergence of artemisinin-resistant malaria: a mathematical model. Malar J 17. https://doi.org/ 10.1186/s12936-018-2418-y

Seventieth World Health Assembly (2017) Appendix 3 WHO Member state mechanism on substandard/spurious/falsely-labeled/falsified/counterfeit (SSFFC) medical products

Sissoko MS, Healy SA, Katile A et al (2017) Safety and efficacy of PfSPZ Vaccine against *Plasmodium falciparum* via direct venous inoculation in healthy malaria-exposed adults in Mali: a randomised, double-blind phase 1 trial. Lancet Infect Dis 17:498-509. https://doi.org/ 10.1016/ S1473-3099 (17)30104-4

Slater HC, Griffin JT, Ghani AC, Okell LC (2016) Assessing the potential impact of artemisinin and partner drug resistance in sub-Saharan Africa. Malar J 15:10. https://doi.org/10.1186/ s12936-015-1075-7

Suresh N, Haldar K (2018) Mechanisms of artemisinin resistance in *Plasmodium falciparum* malaria. Curr Opin Pharmacol 42:46-54. https://doi.org/10.1016/j.coph.2018.06.003

Tabernero P, Fernández FM, Green M et al (2014) Mind the gaps—the epidemiology of poor-quality anti-malarials in the malarious world—analysis of the WorldWide Antimalarial Resistance Network database. Malar J 13:139. https://doi.org/10.1186/1475-2875-13-139

Tacoli C, Gai PP, Bayingana C et al (2016) Artemisinin resistance-associated K13 polymorphisms of *Plasmodium falciparum* in Southern Rwanda, 2010-2015. Am J Trop Med Hyg 95:1090-1093. https://doi.org/10.4269/ajtmh.16-0483

Takala-Harrison S, Jacob CG, Arze C et al (2015) Independent emergence of artemisinin resistance mutations among *Plasmodium falciparum* in Southeast Asia. J Infect Dis 211:670- 679. https://doi.org/10.1093/infdis/jiu491

Talisuna AO, Bloland P, D'alessandro U (2004) History, dynamics, and public health importance of malaria parasite resistance. Clin Microbiol Rev 17:235-254. https://doi.org/10.1128/cmr.17. 1.235-254.2004

Tanner M, de Savigny D (2008) Malaria eradication back on the table. Bull World Health Organ 86

Trape J-F (2001) The public health impact of chloroquine resistance in Africa. In: Breman J, Egan A, Keusch G (eds) The intolerable burden of malaria: a new look at the numbers. American Society of Tropical Medicine and Hygiene

Van Voorhis WC, Adams JH, Adelfio R et al (2016) Open source drug discovery with the malaria box compound collection for neglected diseases and beyond. PLoS Pathog 12:e1005763. https://doi.org/10.1371/journal.ppat.1005763

Venkatesan M, Alifrangis M, Roper C, Plowe CV (2013) Monitoring antifolate resistance in intermittent preventive therapy for malaria. Trends Parasitol 29. https://doi.org/10.1016/j.pt.2013.07.008

Wang J, Xu C, Lun Z-R, Meshnick SR (2017) Unpacking "artemisinin resistance." Trends Pharmacol Sci 38. https://doi.org/10.1016/j.tips.2017.03.007

Wellems TE, Plowe CV (2001) Chloroquine-resistant malaria. J Infect Dis 184:770-776. https:// doi.org/10.1086/322858

Witkowski B, Khim N, Chim P et al (2013) Reduced artemisinin susceptibility of *Plasmodium falciparum* ring stages in western Cambodia. Antimicrob Agents Chemother 57:914-923. https://doi.org/10.1128/AAC.01868-12

Woodrow CJ, White NJ (2017) The clinical impact of artemisinin resistance in Southeast Asia and the potential for future spread. FEMS Microbiol Rev 037:34-48. https://doi.org/10.1093/ femsre/ fuw037

World Health Organization (2006) Guidelines for the treatment of malaria, 1st edn., Geneva, Switzerland

World Health Organization (2009) Methods for surveillance of antimalarial drug efficacy, Geneva, Switzerland

World Health Organization (2010a) Guidelines for the treatment of malaria, 2nd edn.

World Health Organization (2010b) Global report on antimalarial drug efficacy and drug resistance: 2000-2010, Geneva, Switzerland

World Health Organization (2011) Global plan for artemisinin resistance containment, Geneva, Switzerland

World Health Organization (2015a) Marketing of oral artemisinin-based monotherapy medicines: positions expressed by manufacturers

World Health Organization (2015b) Indoor residual spraying: an operational manual for indoor residual spraying (IRS) for malaria transmission control and elimination, 2nd edn., Geneva, Switzerland

World Health Organization (2017a) WHO global surveillance and monitoring system for substandard and falsified medical products, Geneva, Switzerland

World Health Organization (2017b) Mapping tool on tracking biological challenges to malaria control and elimination. https://www.who.int/malaria/maps/threats-about/en/. Accessed 24 Apr 2019

World Health Organization (2018a) World malaria report 2018, Geneva, Switzerland

World Health Organization (2018b) Implementing malaria in pregnancy programs in the context of world health organization recommendations on antenatal care for a positive pregnancy experience, Geneva, Switzerland

World Health Organization (2018c) Overview of malaria treatment. https://www.who.int/malaria/areas/treatment/overview/en/. Accessed 7 Apr 2019

World Health Organization (2019) Global database on antimalarial drug efficacy and resistance. https://www.who.int/malaria/areas/drug_resistance/drug_efficacy_database/en/. Accessed 23 Apr 2019

WWARN (2016) Join the WWARN community to ensure that all malaria patients receive safe and effective treatment

WWARN K13 Genotype-Phenotype Study Group (2019) Association of mutations in the *Plasmodium falciparum* Kelch13 gene (Pf3D7_1343700) with parasite clearance rates after artemisinin-based treatments—a WWARN individual patient data meta-analysis. BMC Med 17. https://doi.org/10.1186/s12916-018-1207-3

Zaw MT, Emran NA, Lin Z (2018) Updates on k13 mutant alleles for artemisinin resistance in *Plasmodium falciparum*. J Microbiol Immunol Infect 51:159-165. https://doi.org/10.1016/J.JMII.2017.06.009

(2018a) Global report on insecticide resistance in malaria vectors: 2010-2016, Geneva, Switzerland

(2018b) IVCC Annual Report 2017-2018

(1999) MMV: New Medicines for Malaria Venture. TDR News 2,4

第四章

增强态势感知，防止传染病的暴发演变为灾难性级别

Marc Lipsitch，Mauricio Santillana

目　录

摘要　灾难性疫情的发生，往往是从局部和小型的（非灾难性的）疫情暴发

M. Lipsitch

哈佛T. H. Chan公共卫生学院传染病动力学中心流行病学系和免疫学与传染病学系

地址：677 Huntington Avenue，Boston，MA 02130，USA

e-mail：mlipsitc@hsph.harvard.edu

M. Santillana

波士顿儿童医院计算健康信息学项目

地址：1 Autumn St，Boston，MA 02215，USA

e-mail：msantill@g.harvard.edu

M. Santillana

哈佛医学院儿科学系

地址：25 Shattuck St，Boston，MA 02115，USA

Current Topics in Microbiology and Immunology（2019）424：59-74 https：//doi.org/10.1007/82_2019_172

开始，发展成更大的威胁。防止灾难性疫情的一个重要保障，是各国政府和卫生部门在准确了解疫情当前和未来范围的基础上，有能力做出控制措施方面的明智决策。形势报告是指疫情状况的定期总结，通常以公开方式做出。我们阐述了决策的关键类别，其质量取决于高质量的形势报告、为这些决策提供信息所需关键数值的估计值，以及可以帮助估计这些数值的传统数据和新型数据来源。之所以强调形势报告的重要性，是因为形势报告能够提供公共的、共享的规划设计，使决策者能够对应对措施加以协调，同时对规划概要中的不确定性予以澄清。在这个多数据源的时代，有很多复杂因素为这些数据的阐述提供了信息，我们描述了在这个时代形势报告的四个原则：①形势报告应为专题性，焦点集中于"决策所需重要证据"这一领域。②形势报告应从多来源证据中进行引证，以说明每个证据领域，以及专家对关键参数的评估。③形势报告应承认不确定性的存在，并尽力估计每次评估的不确定性有多大。④形势报告应包含精心策划的可视化资料，附带文本和表格。

1 引言

只要不是大规模播散式生物恐怖袭击，构想之中的全球灾难性传染病开始时都仅仅是很小范围的暴发，从有限地理区域传播到更多地区，从少数病例传播给多人。由此可见，为防止此类灾难性事件，必须采取有效措施，阻止或限制那些最初仅仅是次灾难性的事件蔓延为严重性灾难性事件（Lipsitch，2017）。如果关键决策者和负责执行其决策的人能够获得疫情进展中关于关键参数的可靠及时的信息，这些措施就更有可能奏效了。

传染病疫情暴发的一个特点是，疫情早期采集到的信息具有不完整性和不确定性，而且经常有偏差。这是因为最初的采样人群（例如，报告给医院的样本）虽然观察起来容易，但却不具有代表性，后续的采样人群才更具代表性（Lipsitch等，2009b，2011）。博学多识的公共卫生专业人员有丰富的经验，体现在数据的过滤和整合、关键数值的早期评估方面，而这些数值可用于决策参考，例如，发病率和现患率的现有数据及预测数据、地理范围和人口范围、严重性指标（图4-1，"证据"）。流感的流行病学家十分清楚：作为流感发病率的评价指标，病毒检测和流感样病症（ILI）都存在不完整性，且随时间推移都有明显偏差。专家们有许多妙不可言的经验来滤过数据，从每种系统中推断出真实的绝对发病率及相对发病率。同样，他们还有一套相关的启发式算法来整合这些信息，以解释具体系统的偏差，并评估不同指标的一致性。

与主题专家不同的是，高级决策制定者通常是普通医生，他们对新发疾病在上述流行病学方面的知识不太熟悉。他们解释来自监测系统、流行病学调查和

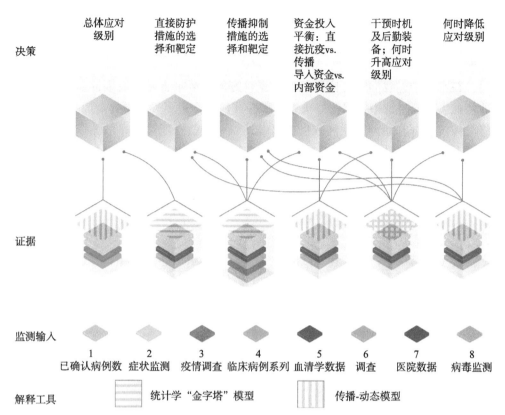

图4-1　关于疫情应对的关键决策及制定理想的关键决策时的依据；使用传播-动态模型和"金字塔"严重程度模型等解释性工具，根据监测输入数据，构建了这一证据库。图片由 Lucia Ricci 转载至 Lipsitch 等，2011

新数据源的原始数据的探索方法不太细致入微，经验也不是那么丰富，而且水平因人而异。这可能导致他们对威胁的程度、潜在应对措施的选择和可能产生的影响，以及每种应对措施的可靠程度得出错误结论。我们在本章中的建议是，提供给决策者的信息（通常称作形势报告），应该是为决策者量身定制的信息，不仅要提供原始数据，还要提供对疫情关键特征和相关不确定性作出整合的专家判断。这种形势报告要将文本和精心挑选的图形介绍结合在一起，来表述专家们对每一关键数值的估计、对每种确定程度的判断。在数据极其贫乏的情况下（例如在某种新发疾病流行的早期），如果用这种方式将信息综合在一起，就能反映专家通过解释现有数据而做出的判断。对于更为常见的疾病，或当某种新疾病出现流行进展时，在报告中不但要给出专家解释，还要纳入使用统计方法和机器学习方法对新出现数据进行的正式综合。所有情况下，现代形势报告不仅包括传统的公共卫生来源的数据（主要是从卫生系统收集而来），而且还包括新型基于互联网的数据流，这些数据流可以强化传统来源的背景信息、地理范围，提高准确性和及时性。应使用精心设计的可视化方式来显示当前疫情的时空演变、地理风险预测和其他高维信息。形势报告甚至可以纳入对既往观察到的疫情时空动态变化的历史重建，这可能有助于将当前公共卫生威胁的严重性放在时空背景中加以考虑。

在本章中，我们首先阐述如何根据良好的形势报告做出决策；主要议题是：如何在大部分疫情中做出良好决策，哪些评估工作是至关重要的。接下来，我们将对传统数据和新型互联网数据加以综述，这些信息能够为评估工作提供信息。根据上述用途和现有数据，我们提出并讨论了高质量疫情形势报告的四个标准。

2   根据形势报告做出的决策

整个疫情当中，决策者要做出许多决策（Lipsitch等，2011）；最重要的决策可分为两类：首先，在每个时间和地点的总体应对规模如何？其次，应对工作应该如何有针对性地、最大限度地提高效率并限制成本？特别是：

· **总体应对级别**。考虑到卫生部门内部其他健康促进工作（如常规疫苗接种）中人员重新调配的机会成本，以及在发生大规模疫情的情况下，卫生部门以外可能发生的机会成本（如疫情引起的额外医疗支出），需要知道要调拨多少人员、物资、资金用于应对疫情。与下文许多调配工作决策一样，这是一个将在整个疫情期间反复评估的问题，直至疫情结束后做出终止疫情应对的决策为止。

· **对策的针对性**。假设在疫情期间有治疗或预防感染的对策，这些对策也很可能供不应求。这些对策包括支持性或特殊性抗感染药物、个人防护装备或疫苗。公共卫生官员要做出的关键决策，就是要根据最高有效性、最大需求、最大社会价值或人口偏好等可行标准，为谁应该接受这些治疗以获得自身的直接保护而提出建议、制定政策。对于能够预防感染传播的对策子集，例如疫苗，可以在提供对策的时机和接受对策的对象方面进行选择，从而将疫情传播率降至最低。

3   为做出良好决策，评估至关重要

对于每一类决策，都应该提供有关疾病性质和疫情状态的特定信息。每类决策的关键性评估和不确定性来源包括：

· **疾病严重程度**。通常以病死率或住院率来衡量新发感染的严重程度，后者反映了应采取的应对措施的程度和即时性，而不同群体的相对严重程度则反映了预防和治疗干预措施的针对性是否适当。随着人们对疾病自然史有更深刻的了解，严重性指标的定义会发生变化；以寨卡病毒为例：感染寨卡病毒孕妇的后代先天畸形风险这一指标，被视作主要严重性指标。例如，若按年龄、合并症给人

群分组，使用组间比较严重性指标，即可提高罕见对策的针对性。

不确定性的来源：特别是在疫情早期，结局已知的病例很可能无法代表所有病例，因而疫情严重程度的估计工作难上加难。一方面，较早观察到的病例其严重程度通常超过平均水平，这是因为严重病例更容易被医生注意到，并予以诊断。在疫情起始阶段，很难观察到无症状病例或亚临床病例所占比例，所以这些病例所占比重常常难以明确。因此，疫情早期显现出的严重程度比实际要严重些（Lipsitch 等，2015）。另一方面，人们现在认识到，在疫情不断加重的过程中，当报告的严重转归（如死亡）总数除以报告的病例总数时，严重程度往往被低估。这是因为报告病例时，人们还不知道病例的转归，所以以总病例数（分母）包括了许多严重病例，这些严重病例在疫情早期并未列在分子里，只有晚些时候才会列入分子（Garske 等，2009）。这两种截然相反的偏差之间的平衡点尚不明确，因此造成了评估严重性时存在不确定性。计算亚组特异性严重性指标时，某病例的检测和报告会以一定的概率表现出严重程度不同的情况，而这一概率在不同亚组间的差异可引起亚组间严重性比较时的不确定性（Jain 等，2009；Lipsitch 等，2015；Rudolf 等，2017；Wolkewitz；Schumacher，2017）。

•**流行规模和地域范围**。通过病例总数，我们可以得知患病人数、风险人数、为治疗患者遏制疫情所需的资源。病例总数的演变趋势可用来估计疫情传播速度，用作传染能力的指标（如基本再生数 R_0），借此后续投入所需资源。通过病例的地域分布广度及其趋势，我们能够比照小型空间的数字做类比推算，还能得到传播途径的相关信息。

不确定性的来源：由于监测能力有限，所以并非每个病例都能得到报告。疫情初期，监测能力尚未落实到位，可能错过一些病例；随着疫情进展，又有太多病例需要计数，所以监测方法需要调整（Lipsitch 等，2009a）。这些不利之处可随时间推移而变化，造成人为趋势；也因地点的不同而改变，导致不同地点之间存在明显差异，这些差异是由于监测能力的变化引起，而不是仅仅由于病例数变化所致（White 等，2009）。除外上述所有因素，几乎所有的传统监测系统在病例发生与报告之间都有延迟。由于近期病例报告数量低于实际水平，所以当疫情曲线接近当前时点，会发生人为的降低。为解决上述限制，"即时播报"算法特别有用，这种方法通常涉及非传统疾病监测数据源（Höhle，an der Heiden，2014；Bastos 等，2017；McGough 等，2017；van de Kasteele 等，2019）（见下文）。

•**疾病的传播性**。为预测疫情传播状态，以下两个因素至关重要：每位患者可以造成多少例继发感染，造成继发感染的时间有多久。这两个因素的专业术语分别是繁殖数量和序列间隔（或称世代间隔）。实际上，这两个因素都因具体情况的不同而不同，所以更为准确的描述方式是使用"分布"，即各自的均值和围绕均值的变化（Wallinga，Lipsitch，2007）。利用这些数值和各种数学模型，可以预测随时间推移疫情的传播情况，估计季节交替对疫情传播的潜在影响，是否可以通过接种疫苗来消除易感性，以及可以采取哪些对策（例如疫苗接种或治疗）。

不确定性的来源：疫情刚开始时，可通过接触追踪，直接测定上述数值，这样就能将继发病例回溯到初始病例那里，可按照连续病例之间症状出现时间的间隔推算出世代间隔。有时随着疫情的扩展，有时从疫情一开始，出现资源不足，这样的测定方式就显得不切实际了，必须根据每天新发病例数量（流行曲线）来估计上述数值（Wallinga，Teunis，2004；White，Pagano，2008）。因此，源自上述病例计数中的不确定性，都可以成为估计传染性时的不确定性的来源，但仍有方法解决这些问题（White等，2009），包括使用病原体基因组测序法来估计疫情的动态变化（Fraser等，2009）。方法错误可掩盖传染性估计值的不确定性，但这很容易规避（Magpantay，Rohani，2015）。

· **对策的可用性、状态和有效性**。在疫情应对的计划与实施方面，核心工作是准确列出现有的对策，数量和地点，以及对策的预期有效性。措施包括：用来预防疫情传播的物资（疫苗、个人防护设备、预防性抗感染药物）和用来治疗病例的物资［治疗药物、呼吸机等医疗设备、静脉注射液等医疗耗材及用品（Voelker，2018）］。上述措施的有效性在疫情刚开始暴发时不得而知，而且会随时间推移发生变化（如造成疫情暴发的病原体耐药形成）。对策还包括行为、社会、经济干预措施［如限行措施（Peak等，2018）］、关闭公共集会和场所（Hatchett等，2007），以及因地域不同而采取的不同措施［如学校的开放和关闭（Chao等，2010；Huang等，2014）］。

不确定性的来源：对于新发疾病，应对措施的有效性不确定，因为这些措施没有经过测试，如果确有措施可供使用，也可能处于短缺状态（Lipsitch，Eyal，2017）。制定此类对策（如疫苗）的时间表取决于后勤因素，后勤因素可能独立于疫情本身，甚或因疫情本身而变得更加不利（Voelker，2018）。随着库存的积累、消耗与更新，形势也会快速变化（Dimitrov等，2011）。即使像流感那样的人们所熟知的疾病，疫苗的有效性也会逐年发生改变（Osterholm等，2012）。

有一些传统的和新型的数据源可提供信息，帮助我们估算上述数值，确定每个估计值的不确定性水平。下面我们就对这些数据源加以回顾。

4 数据源

为给上述四个关键领域提供证据，有一系列传统的和新型的互联网数据源可供使用。本节列出了一些关键的数据源。

4.1 传统数据源

在疫情暴发早期，可用一份流行病学列表列出疫情状态的完整数据，理想情况下应包含病例的人口统计学数据、地理数据、临床诊断数据、病程和治疗数据、关键日期数据，例如患者的感染日期（若有备用数据）、出现症状的日期、向卫生主管部门报告的日期、必要时住院日期、接受重症监护的日期、康复出院日期或死亡日期。在某些情况下，上述许多数据都是无法得到的，至少是暂时无法得到，因此人们已经做出努力，界定了疫情早期基础分析所需最小规模的数据集（Van Kerkhove 等，2010；Cori 等，2017）。另一方面，人们也已研发出一些工具，来执行更为复杂的数据构架，针对不同情况纳入不同要素，且可整合新型数据，包括可供使用的病原体序列（Grad，Lipsitch，2014；Jombart 等，2014；Finnie 等，2016）。

随着疫情进展，一些司法辖区很可能无法继续检测所有疑似病例，无法报告疑似或确诊病例的详细数据。这时可以使用替代方法，如报告临床事件（例如，满足症状标准的急诊就诊事件或初级诊疗机构就诊事件），与临床病例的部分诊断测试结果相结合，即可在使用较少资源的情况下，持续给出疫情进展的定量描述（Lipsitch 等，2009a）。在资源有限的地区，这种策略一开始就可以采用。

这些流行病学数据将是上述前三项证据需求的核心。第四项需求是估计对策的可用性和有效性，主要需要有关疫苗、治疗药物和个人防护装备的生产分销的后勤和供应链信息。在抗感染治疗方面，需要病例易感性的实时数据，以评估抗感染治疗可能造成的影响，估计耐药趋势，并指导抗感染治疗和其他治疗的最佳用途（Leung 等，2017）。为了更好地估计这些疗法的既往疗效和可能发挥出的疗效，可通过传统方法（调查数据或行政数据）或下文所述的一些新方法（Peak等，2018），收集关于非药物干预的时间和地理范围的数据，如限行、安全埋葬（Tiffany et al.2017）或学校的关闭和开放（Chao 等，2010；Huang 等，2014）。

4.2 新型数据源

随着数百万互联网和移动电话用户的活动，越来越多的大数据集不断生成、不断记录，其可用性显著增加，为理解人类行为模式的变化开辟了新途径。特别有价值的是可供使用的互联网数据，这些数据可以帮助我们探测人类行为模式的变化，这些变化可能预示着实时公共健康威胁的出现。这些数据可能包括互联网搜索引擎上症状相关搜索活动的异常激增，社交媒体上症状相关的帖子不断攀升，用于治疗发烧或其他症状的非处方药销售增多。

事实上，在过去的十年里，许多研究团队已经能够确定医疗保健疾病监测系统所包含信息之间的历史关系，这些信息包括：具有一系列症状的住院患者和/或就诊患者人数，症状相关的互联网搜索行为（Yang 等，2015），维基百科文章观点（Generous等，2014；McIver，Brownstein，2014），临床医生的互联网搜索行为（Santillana等，2014），源自大众的症状自我报告应用程序（Smolinski等，2015；Koppeschaar等，2017），症状相关的推特帖子（Signorini等，2011；Paul等，2014），云计算电子健康记录所含处方的变更（Santillana等，2016；Yang等，2017；Lu等，2019）和邻近地区疾病活动的历史同步性（Lu等，2019），气象模式等。这些研究表明，人类群体的行为变化，通常是疾病活动增加所致结果或相关结果，可在原本并非以公共卫生监督为目的的系统中被检测到。上述发现表明，若对与症状或特定疾病相关的互联网搜索和/或社交媒体活动进行监测，就有助于对公共健康威胁予以确认。

局地疫情暴发一经确定，就可确定有利于疫情暴发进一步传播的当前的和未来的气象模式，并实时绘制风险图。例如，众所周知，环境空气湿度（相对湿度）的变化会影响流感等呼吸系统疾病的人际传播（Lowen等，2007；Shaman，Kohn，2009；Shaman等，2011）。干旱的月份，例如中纬度地区的寒冷季节，会有利于疾病的传播。病媒传播疾病如登革热、疟疾和黄热病，只有在当地条件适合蚊子生存和繁殖的情况下才能传播（Kyle，Harris，2008）。因此，病媒分布地图可用于制作实时风险地图（Messina等，2015）。移动电话信息可用来绘制局地人群流动，而公共汽车、火车或航空公司的日志可用于评估特定疾病从A点传播到B点的可能性。经证实，整合了这些数据的模型有可能预测发生在新地点的疫情，例如巴基斯坦的登革热（Wesolowski等，2015）。

虽然许多此类数据源可能有助于疾病的监测，但它们的局限性也是显而易见的。例如，拥有移动电话和/或互联网端口的人口数量，不一定能够反映他们居住地的基本人口统计数据。上述事实说明，当把此类数据源作为疾病存在的指标时，需要考虑到存在的偏差。另一个缺陷是：当新闻媒体提醒人们出现了不同寻常的流感、登革热或埃博拉病毒病暴发时，人们很容易陷入"恐慌搜索"之中。因此，搜索活动的攀升，探讨疾病症状的社交媒体微博的增加，可能只表明人们对疾病相关话题的兴趣激增，不一定反映实际的感染情况。本团队中有一位工作人员（MS）正在研发解决上述缺陷的方法（Santillana等，2015）。

最后，有证据表明，可将多个数据源结合在一起，来降低每一数据源固有的不确定性和缺陷，从而评估疫情暴发的严重程度（Santillana等，2015；McGough等，2017；Lu等，2019）。

5   形势报告——作为通用规划假设的来源

形势报告的一个关键目标（有时此目标被低估）是为分析人员和决策者提供一组通用事实（即使这些事实具有不确定性），以便可以基于大家共享的假设，而不是基于因人而异的未加说明的假设来做出决策，从而避免导致混乱或错误。在形势报告中公开说明对现有数据的解释，并不是为了压制解释中的分歧，而是为了使这些分歧明朗化，从而明确哪些事实可以确信，哪些事实是不确定性的来源。2009年流感大流行的两个例子，有助于说明上述四个关键证据领域为核心的形势报告，有助于减轻混乱，改进决策。

· 2009年流感大流行中，决策所需的最重要证据可能是按病死率和病例住院率衡量的疫情严重程度。墨西哥5月4日基于病例对死亡人数的原始估计值为4%，7月公布的调整估计值为0.0004%，这两个早期的估计值之间相差了1万倍（Wilson，Baker，2009），涵盖了美国政府为大流行规划制定的严重程度等级的全部范围（Health USD等，2007）。据我们所知，含有特定严重程度和特定情境的首份美国政府官方报告，就是2009年8月的PCAST报告（总统和科学技术顾问理事会执行办公室，2009），尽管此前CDC的调查和监测工作早在4月至5月就在美国产生了相关数据（Iuliano等，2009；Reed等，2009）。*收集一份专题形势报告，汇集关于严重性的各种证据来源，这种做法通过汇集个案调查中孤立的数据，有助于缩小不确定性的范围。*

· 2009年流感大流行期间，美国的疫苗规划依据是：设想冬季中后期将出现流感发病高峰；这一规划为生产足够剂量（1.6亿）的疫苗留出了充裕的时间（Jain等，2009），以便及时覆盖"初始目标群体"。NIH作者引用的大流行的历史证据（Rudolf等，2017）不支持这一观点。正如他们根据历史经验所预测的那样，疫情的主要浪潮在秋天来到，当大部分疫苗准备就绪时，疫情在美国的大多数地方已基本结束。*明确预测病例高峰的可能出现时间及其不确定性，特别是结合历史数据提供背景进行预测，有利于计划疫苗推广和目标群体的确定。*

6　对未来的预估

形势报告与未来疫情发展的解读密切相关。事实上，形势报告的某些读者最关心的并非疫情现在的传播范围有多大，而是疫情将会演变得有多大。早期形势报告通常很少包含预测，但随着流行病的发展，形势报告开始预测各种情况下疫情可能的发展轨迹。事实上，为了实现上一节所描述的创建通用规划假设的目标，必须开发一些预测场景，并纳入前瞻性组件。即使没有准确的预测，也可以制定规划方案；但如果规划方案是建立在流行病某一特定阶段能够实现的最佳预测，则规划方案将更有用。从经验上讲应该注意的是，即使一个规划方案被明确地反复注释为纯粹的方案，并非预测，它仍可能像是一个预测一样被非专业媒体报道。2009年PCAST工作组关于美国政府大流行应对措施的报告在三个不同的地方反复将其计划阐述为"不是预测"，但主要新闻媒体仍将其报道为

"预测"（举例详见如下网址：http：//www.cnn.com/2009/HEALTH/08/24/us.swine. flu.projections/index.html；评估事件：2019年5月2日）。

如何预测疾病发病率？这在技术层面上需要一整本书的篇幅来讨论，但出于形势报告目的，一些重要信息应附有此类预测，若形势报告未列出明确的信息，则决策者应该要求提供这些信息。预测的关键问题，就在于预测建立在什么的假设之上。特别是，对疾病病例的许多预测可显示，如果照目前的趋势继续下去，到某个时点可能会有 x 个病例。对于传染病来说，目前的趋势不能无限继续下去。最简单的模型可能假设流行病继续以指数速度增长，其增长速度与最早阶段相同。对于不断加剧的流行病，此类模型可以预测任意数量的病例，因为指数增长永远不会结束（Meltzer等，2001），唯一的问题是流行病需要多长时间才能达到给定的病例数（Meltzer等，2014）。此类预测通常提供一种近乎最坏的情况，因为通常情况下，在流行病期间发生变化的因素倾向于使疫情缓和，而不是使疫情加剧。当然，有一些重要的例外情况，如天气或病媒密度的变化会导致出现节肢动物传播的感染，这些感染会随着季节的变化而周期性地出现。

更精确的预测（即不做"当前趋势会持续发展"之假设的预测）将纳入那些对疾病传播造成改变的因素，这些因素包括控制感染的意愿引起的行为改变、不相关原因引起的行为改变（例如，对疫情传播造成直接影响的学期开始和学期结束）、季节变化（通过影响病原体或其载体的生物学属性而影响到疫情传播适宜性），以及先前受感染的个体免疫后易感宿主的耗竭，从而减少了疫情的传播机会。一份预测报告应该清楚地说明考虑到了哪些因素，做出了哪些假设，有哪些（或需要哪些）证据来支持这些假设。最后，还应尽力评估不确定性，例如在情境预测中，对置信区间进行估计；进行预测时可以使用不确定性圆锥，在可视化图像上进行显示，类似于天气预报系统中用于监测飓风可能轨迹的预测。

7   高质量形势报告的原则

为向决策者提供与应对疫情有关的关键性量化证据，同时出于规划目的提供共同情境并凸显不确定性领域，我们提出了提高疫情形势报告质量的四项原则。

·**形势报告应是专题性，侧重于决策所需的重要证据领域。** 形势报告的设计应使高层决策者清楚明了，有利用价值，在技术严谨程度方面也应符合主题专家的要求。决策者可能缺乏时间、技能或专业知识来解释案例统计、谷歌搜索趋势等原始数据。他们可能不会立即看到每个数据源与他们需要信息的关键数量的相关性。因此，对于报告的阅读者来说，为实现报告的最大价值，就要按数据价值大小将数据进行有序组织，而不是将数据草草列出了事。因此就有了第二个原则：

· **形势报告应援引多个来源的证据，以说明每个证据领域，以及专家对关键参数的评估。**用文本来阐述专家对严重程度、数字和地理范围的判断，用图表格式呈递数据，并将文本与数据相结合。尽管有丰富的数据源可用于追踪疫情及其应对措施，但单凭数据并不足以支持循证决策的制定，该循证决策可反映上述四个领域未来的清晰图景。可能没有关键数据可供使用，特别是在受疫情影响最严重的地区，即使有关键数据，也可能是有限的、混乱的，甚至是误导性的。主题专家包括流行病学家、临床医生、数据管理者，以及参与提供公共卫生响应的人员，通常拥有关键知识，用来合理地解释数据。形势报告的一个关键特点是要有广泛的数据以及专家知识备用，以提高决策循证质量，并允许对解释进行审查和批评。在此方面，下一原则至关重要：

· **形势报告应承认不确定性的存在，并在每次评估时尝试估计不确定性的大小。**这样就会避免将临时评估认定为不可更改的事实，同时承认估计值有可能随着数据的改善而改变。

· **形势报告不仅要有文本和表格，而且要有精心策划的影视资料。**这些影视资料应将现有资料与预测结果明确区分，用影像的方式表述不确定性边界。表述方式应简便易懂，而且要在疫情来临之前邀请决策制定者作为听众对表述方式的清晰程度进行检验。

8　结论

在杂乱无章、充满矛盾信息的疫情期间，准确无误、信息丰富、条理清晰的形势报告对于循证决策和规划来说至关重要。在本章，我们主张通过专家解读和情境规划使原始数据丰富化，通过对已知信息和未知信息的探讨，对一整套共享假设的分析，以计划的制定为出发点，对决策者提供帮助。新型数据源提供了前所未有的机会，使我们能够在新疫情出现时，更好地了解疫情动态。这些新型数据源必须与较为传统的数据源相结合，以帮助决策者了解全局，而不仅仅是了解原始数据本身。这些目标的实现，就是走过了至为关键的一步，以期将原本是小规模的局地疫情加以控制，防止其蔓延为地区规模或全球规模的灾难性疫情。

声明。ML的部分项目资金得到了美国国立卫生研究院普通医学科学研究所的支持，基金编号为U54GM088558。MS的部分项目资金获得了美国国立卫生研究院普通医学科学研究所的部分支持，授予编号为R01GM130668。本节内容完全由作者负责，不一定代表美国国立卫生研究院的官方观点。

参 考 文 献

Bastos L, Economou T, Gomes M, Villela D, Bailey T, Codeço C (2017) Modelling reporting delays for disease surveillance data［Internet］. arXiv［stat.AP］. Available: http://arxiv.org/abs/1709.09150

Chao DL, Halloran ME, Longini IM (2010) School opening dates predict pandemic influenza A (H1N1) outbreaks in the United States. J Infect Dis 202 (6):877-880

Cori A, Donnelly CA, Dorigatti I, Ferguson NM, Fraser C, Garske T et al (2017) Key data for outbreak evaluation: building on the Ebola experience. Philos Trans R Soc Lond B Biol Sci 372 (1721). https://doi.org/10.1098/rstb.2016.0371

Dimitrov NB, Goll S, Hupert N, Pourbohloul B, Meyers LA (2011) Optimizing tactics for use of the U.S. antiviral strategic national stockpile for pandemic influenza. PLoS One 6 (1):e16094

Executive Office of the President's Council of Advisors on Science and Technology (2009) Report to the President on US Preparations for 2009-H1N1 Influenza. Aug 2009

Finnie TJR, South A, Bento A, Sherrard-Smith E, Jombart T (2016) EpiJSON: a unified data-format for epidemiology. Epidemics 15 (Jun):20-26

Fraser C, Donnelly CA, Cauchemez S, Hanage WP, Van Kerkhove MD, Hollingsworth TD et al (2009) Pandemic potential of a strain of influenza A (H1N1): early findings. Science 324 (5934):1557-1561

Garske T, Legrand J, Donnelly CA, Ward H, Cauchemez S, Fraser C et al (2009) Assessing the severity of the novel influenza A/H1N1 pandemic. BMJ 339 (Jul):b2840

Generous N, Fairchild G, Deshpande A, Del Valle SY, Priedhorsky R (2014) Global disease monitoring and forecasting with Wikipedia. PLoS Comput Biol 10 (11):e1003892

Grad YH, Lipsitch M (2014) Epidemiologic data and pathogen genome sequences: a powerful synergy for public health. Genome Biol 15 (11):538

Hatchett RJ, Mecher CE, Lipsitch M (2007) Public health interventions and epidemic intensity during the 1918 influenza pandemic. Proc Natl Acad Sci USA. 104 (18):7582-7587

Health USD, Services H et al (2007) Community strategy for pandemic influenza mitigation. US Department of Health and Human Services

Höhle M, an der Heiden M (2014) Bayesian nowcasting during the STEC O104: H4 outbreak in Germany, 2011. Biometrics 70 (4):993-1002

Huang KE, Lipsitch M, Shaman J, Goldstein E (2014) The US 2009 A (H1N1) influenza epidemic: quantifying the impact of school openings on the reproductive number. Epidemiology 25 (2): 203-206

Iuliano AD, Reed C, Guh A, Desai M, Dee DL, Kutty P et al (2009) Notes from the field: outbreak of 2009 pandemic influenza A (H1N1) virus at a large public university in Delaware. Clin Infect Dis 49 (12):1811-1820

Jain S, Kamimoto L, Bramley AM, Schmitz AM, Benoit SR, Louie J et al (2009) Hospitalized patients with 2009 H1N1 influenza in the United States, April-June 2009. N Engl J Med 361 (20):1935-1944

Jombart T, Aanensen DM, Baguelin M, Birrell P, Cauchemez S, Camacho A et al (2014) Outbreak tools: a new platform for disease outbreak analysis using the R software. Epidemics 7 (Jun): 28-34

Koppeschaar CE, Colizza V, Guerrisi C, Turbelin C, Duggan J, Edmunds WJ et al (2017)

Influenzanet: citizens among 10 countries collaborating to monitor influenza in Europe. JMIR Publ Health Surveill 3 (3):e66

Kyle JL, Harris E (2008) Global spread and persistence of dengue. Annu Rev Microbiol 62:71-92

Leung K, Lipsitch M, Yuen KY, Wu JT (2017) Monitoring the fitness of antiviral-resistant influenza strains during an epidemic: a mathematical modelling study. Lancet Infect Dis 17 (3): 339-347

Lipsitch M (2017) If a global catastrophic biological risk materializes, at what stage will we recognize it? Health Secur 15 (4):331-334

Lipsitch M, Eyal N (2017) Improving vaccine trials in infectious disease emergencies. Science 357 (6347):153-156

Lipsitch M, Finelli L, Heffernan RT, Leung GM, Redd SC, 2009 H1n1 Surveillance Group (2011) Improving the evidence base for decision making during a pandemic: the example of 2009 influenza A/H1N1. Biosecur Bioterror 9 (2):89-115

Lipsitch M, Hayden FG, Cowling BJ, Leung GM (2009a) How to maintain surveillance for novel influenza A H1N1 when there are too many cases to count. Lancet 374 (9696):1209-1211

Lipsitch M, Riley S, Cauchemez S, Ghani AC, Ferguson NM (2009b) Managing and reducing uncertainty in an emerging influenza pandemic [Internet] . New Engl J Med 112-115. https:// doi. org/10.1056/nejmp0904380

Lipsitch M, Donnelly CA, Fraser C, Blake IM, Cori A, Dorigatti I et al (2015) Potential biases in estimating absolute and relative case-fatality risks during outbreaks. PLoS Negl Trop Dis 9 (7): e0003846

Lowen AC, Mubareka S, Steel J, Palese P (2007) Influenza virus transmission is dependent on relative humidity and temperature. PLoS Pathog 3 (10):1470-1476

Lu FS, Hattab MW, Clemente CL, Biggerstaff M, Santillana M (2019) Improved state-level influenza nowcasting in the United States leveraging Internet-based data and network approaches [Internet] . Nature Commun 10. https://doi.org/10.1038/s41467-018-08082-0

Magpantay FMG, Rohani P (2015) Avoidable errors in the modelling of outbreaks of emerging patho-gens, with special reference to Ebola. R Soc B. Available from: http://rspb. royalsocietypublishing. org/content/282/1806/20150347.short

McGough SF, Brownstein JS, Hawkins JB, Santillana M (2017) Forecasting Zika incidence in the 2016 Latin America outbreak combining traditional disease surveillance with search, social media, and news report data. PLoS Negl Trop Dis 11 (1):e0005295

McIver DJ, Brownstein JS (2014) Wikipedia usage estimates prevalence of influenza-like illness in the United States in near real-time. PLoS Comput Biol 10 (4):e1003581

Meltzer MI, Damon I, LeDuc JW, Millar JD (2001) Modeling potential responses to smallpox as a bioterrorist weapon. Emerg Infect Dis 7 (6):959-969

Meltzer MI, Atkins CY, Santibanez S, Knust B, Petersen BW, Ervin ED et al (2014) Estimating the future number of cases in the Ebola epidemic-Liberia and Sierra Leone, 2014-2015. Available from: https://stacks.cdc.gov/view/cdc/24901

Messina JP, Brady OJ, Pigott DM, Golding N, Kraemer MUG, Scott TW et al (2015) The many projected futures of dengue. Nat Rev Microbiol 13 (4):230-239

Osterholm MT, Kelley NS, Sommer A, Belongia EA (2012) Efficacy and effectiveness of influenza vaccines: a systematic review and meta-analysis. Lancet Infect Dis 12 (1):36-44

Paul MJ, Dredze M, Broniatowski D (2014) Twitter improves influenza forecasting. PLoS Curr 6.

https://doi.org/10.1371/currents.outbreaks.90b9ed0f59bae4ccaa683a39865d9117

Peak CM, Wesolowski A, Zu Erbach-Schoenberg E, Tatem AJ, Wetter E, Lu X et al (2018) Population mobility reductions associated with travel restrictions during the Ebola epidemic in Sierra Leone: use of mobile phone data. Int J Epidemiol 47 (5):1562-1570

Reed C, Angulo F, Swerdlow D, Lipsitch M, Meltzer M et al (2009) Estimating the burden of pandemic influenza A/H1N1-United States, April-July 2009. Emerg Infect Dis

Rudolf F, Damkjær M, Lunding S, Dornonville de la Cour K, Young A, Brooks T et al (2017) Influence of referral pathway on ebola virus disease case-fatality rate and effect of survival selection bias. Emerg Infect Dis 23 (4):597-600

Santillana M, Nsoesie EO, Mekaru SR, Scales D, Brownstein JS (2014) Using clinicians' search query data to monitor influenza epidemics. Clin Infect Dis 59 (10):1446-1450

Santillana M, Nguyen AT, Dredze M, Paul MJ, Nsoesie EO, Brownstein JS (2015) Combining search, social media, and traditional data sources to improve influenza surveillance. PLoS Comput Biol 11 (10):e1004513

Santillana M, Nguyen AT, Louie T, Zink A, Gray J, Sung I et al (2016) Cloud-based electronic health records for real-time, region-specific influenza surveillance. Sci Rep 6 (May):25732

Shaman J, Kohn M (2009) Absolute humidity modulates influenza survival, transmission, and seasonality. Proc Natl Acad Sci USA. 106 (9):3243-3248

Shaman J, Goldstein E, Lipsitch M (2011) Absolute humidity and pandemic versus epidemic influenza. Am J Epidemiol 173 (2):127-135

Signorini A, Segre AM, Polgreen PM (2011) The use of Twitter to track levels of disease activity and public concern in the U.S. during the influenza A H1N1 pandemic. PLoS One 6 (5):e19467

Smolinski MS, Crawley AW, Baltrusaitis K, Chunara R, Olsen JM, Wójcik O et al (2015) Flu Near You: crowdsourced symptom reporting spanning 2 influenza seasons. Am J Publ Health 105 (10):2124-2130

Tiffany A, Dalziel BD, Kagume Njenge H, Johnson G, Nugba Ballah R, James D et al (2017) Estimating the number of secondary Ebola cases resulting from an unsafe burial and risk factors for transmission during the West Africa Ebola epidemic. PLoS Negl Trop Dis 11 (6): e0005491

van de Kasteele J, Elers P, Wallinga J (2019) Nowcasting the number of new symptomatic cases during infectious disease outbreaks using constrained P - spline smoothing. Epidemiology (in press)

Van Kerkhove MD, Asikainen T, Becker NG, Bjorge S, Desenclos J-C, dos Santos T et al (2010) Studies needed to address public health challenges of the 2009 H1N1 influenza pandemic: insights from modeling. PLoS Med 7 (6):e1000275

Voelker R (2018) Vulnerability to pandemic flu could be greater today than a century ago. JAMA 320 (15):1523-1525

Wallinga J, Lipsitch M (2007) How generation intervals shape the relationship between growth rates and reproductive numbers. Proc Biol Sci. 274 (1609):599-604

Wallinga J, Teunis P (2004) Different epidemic curves for severe acute respiratory syndrome reveal similar impacts of control measures. Am J Epidemiol 160 (6):509-516

Wesolowski A, Qureshi T, Boni MF, Sundsøy PR, Johansson MA, Rasheed SB et al (2015) Impact of human mobility on the emergence of dengue epidemics in Pakistan. Proc Natl Acad Sci 112 (38):11887-11892

White LF, Pagano M (2008) A likelihood-based method for real-time estimation of the serial interval and reproductive number of an epidemic. Stat Med 27 (16):2999-3016

White LF, Wallinga J, Finelli L, Reed C, Riley S, Lipsitch M et al (2009) Estimation of the reproductive number and the serial interval in early phase of the 2009 influenza A/H1N1 pandemic in the USA. Influenza Other Respi Viruses 3 (6):267-276

Wilson N, Baker MG (2009) The emerging influenza pandemic: estimating the case fatality ratio. Euro Surveill 14 (26). Available: https://www.ncbi.nlm.nih.gov/pubmed/19573509

Wolkewitz M, Schumacher M (2017) Survival biases lead to flawed conclusions in observational treatment studies of influenza patients. J Clin Epidemiol 84 (Apr):121-129

Yang S, Santillana M, Kou SC (2015) Accurate estimation of influenza epidemics using Google search data via ARGO. Proc Natl Acad Sci USA. 112 (47):14473-14478

Yang S, Santillana M, Brownstein JS, Gray J, Richardson S, Kou SC (2017) Using electronic health records and Internet search information for accurate influenza forecasting. BMC Infect Dis 17 (1):332

第五章

病毒预测，病原体分类，疾病生态体系绘图：
对投资回报的测定

Jeanne Fair，Joseph Fair

目 录

摘要 传染病从动物或环境传染给人类，主要原因是微生物的基因发生了突变或重组，使其传染性变得更强或毒性变得更大；或是通过疾病"生态系统"的变化而传染给人类。传染病的研究有几种策略。一种策略是研究一个特定疾病系统或模型疾病系统，以了解某种传染病的生态学以及如何通过环境和不同宿主进行传播和蔓延，然后将该疾病系统知识外推到相关病原体。另一种策略是遵循基因组学和系统发育学，跟踪病原体在氨基酸水平上的演进和变化。本文认为，为了了解复杂的人畜共患病，并防止其在人类身上发病及复发，投资回报应被视为

Jeanne Fair

洛斯阿拉莫斯国家实验室生物安全与公共卫生科；

地址：Mailstop M888，Los Alamos，NM，USA

Joseph Fair

美国得克萨斯州，学院站，得克萨斯农工大学，斯考克罗夫特国际事务研究所，布什政府和公共服务学院。

e-mail: curefinder@icloud.com

Current Topics in Microbiology and Immunology（2019）424：75-83 https://doi.org/10.1007/82_2019_179

最佳的研究策略。

1　引言

　　分子生物学和基因组学的进展正在颠覆我们对传染病的理解，彻底改变我们对传染病进入人类、动物和植物物种的机制和途径的认识，我们会真正懂得传染病为何会引起不同规模的灾难性事件，从偶尔引起的家庭、村庄或畜群的流行规模，到全球大流行或牲畜大规模死亡的规模。灾难性生物事件，如致命疫情的流行，能够而且确实会在受到影响的国家和地区造成大量人员和动物死亡，造成数十亿甚或数万亿美元的损失。尽管有史以来传染病造成的人类和动物死亡人数超过了历史上所有战争所致死亡的总和，但各个国家和民族极少把关注的焦点放在流行病威胁之处，而是把注意力放在核武器、危害程度小许多的化学武器，以及包括致病微生物的生化武器在内的其他大规模杀伤性武器。虽然我们检测这些病原体的能力不断增长，越来越接近实时检测，但推动病原体进化的物种和环境相互作用的增长速度，远超我们对传染性疾病监测及检测病原体的速度。认为不断出现的病原体对国家安全的威胁不如核武器这种人工打造的复杂武器那般厉害，这一想法就如同让美国政府置国家主权于不顾、故意置身于亡国灭种之险境一样荒诞。

　　有两大原因让疾病从动物或环境传染给人类：第一个原因是微生物通过突变或重组而产生基因改变，使其传染性更强，或毒力更大；第二个原因就是疾病"生态系统"的改变。疾病的生态系统是指微生物种属与环境之间的相互作用，可直接或间接引起一种或多种微生物的感染性疾病。这方面的例子包括：因摄入野生动物，将人畜共患病的病原体传播给人类；人类迁移到未开发地区，从而与野生动物接触频繁或直接摄入野生动物，而这些动物往往携带着对人畜有害的病原体。"同一健康"倡议是一种多学科研究手段，目的是研究人类、病原体、牲畜、野生动物和环境之间的相互作用，以及它们如何最终导致疾病出现。

　　针对感染性疾病出现的研究总体上可分为两大类。第一个战略方法是研究一个特定疾病系统或模型疾病系统，以了解某种传染病的生态学以及如何通过环境和不同宿主进行传播和蔓延，然后将该疾病系统知识外推到相关病原体。这类研究通常在一个或几个地点纵向进行，收集很多类型的数据，以期尽可能了解疾病生态系统以及导致人类或动物发病的原因。这是一种深入发掘的研究类型，旨在了解人类、野生动物、天气、牲畜、植物或其他事物是如何发挥作用，从而影响到疾病的持续传播或疾病播散与蔓延的生态系统的。关于此类战略方法，重点是要注意病原体基因改变的系统发生学。第二类战略方法采集的数据，属于基因与地理气候之间的数据类型。这种战略方法遵循的是病原体的基因组学和系统发育学，跟踪病原体在氨基酸水平上的演进和变化。目前，第二类战略方法最为常用，特别是解读季节性流感和预测潜在流感流行方面，第二类战略方法经常用得到。这类战略还着眼于寻找不同宿主和环境中的新型病毒和细菌，将其归类，并理解微生物和致病株的总体生物多样性，这种工作类似于建立病原体及其来源的全球基因组数据库。其目的是了解和绘制病原体地图，以便更清楚地知道病原体可能潜伏地点，并以热图的形式加以显示，发病率高的地区被视作新发传染病热点。

　　基因组监测法和病原体分类法，很少能够在宏观或微观层面上鉴定出蔓延事件并解释其原因。但值得注意的是，便携式测序技术领域近期有了长足进展，实现了对人类和动物致病株特异性传播的更高水平的实时分析，在几次疫情暴发中都对传播链索引病例的确定工作提供了帮助。为了防止传染性疾病蔓延到人类、动物和家畜，关键一点是要懂得病原体最初是如何出现的，又是如何传染给人类的。另一关键点是要领会疾病是如何在不同宿主身上有不同表现的。并非每只暴露于病原体的动物都是宿主，也不是每个宿主都有相同的发病反应，因此许多情况下疾病表现不同、疾病转归各异。如果我们能够更深刻地领会疾病传播的方式，或病原体整体生态系统的样式，就能找到高端及低端技术手段，打破传播的链条。历史上，正是通过不断观察病原体完整生命周期及其生态系统，形成敏锐洞察，才研发出限制致死性传染病传播的最为成功的干预措施。这一点也特别适用于发生于或再发于人类的人畜共患病。另外，上述疾病热点地区大多位于发展中世界，那里的技术平台常常不起作用，也无法持续发挥作用。

2　策略方法：对疾病生态系统的领会

　　1993年4月，在新墨西哥州盖洛普附近，一名年轻的纳瓦霍族女性来到印第安医学中心急诊室，她有流感样症状和严重的呼吸急促。医生们发现她的肺里充满了液体，刚到急诊室不一会她就死去了。由于无法立即判定死因，这一病例被报告给了新墨西哥州卫生部。五天之后，她的未婚夫在前往盖洛普参加她的葬礼的路上，突然发病，感到呼吸急促。当医护人员把他送到印第安医疗中心急诊室时，他已经停止了呼吸。医生们无法让他复苏，于是他也死去了。很明显，是一种致死性感染导致了这两例患者死亡。但是，究竟是哪种病原体导致的呢？

　　接下来两周，新墨西哥州卫生部的传染病专家加里·辛普森博士试图找出这对年轻伴侣的死亡原因。辛普森博士和他的团队汇集了流行病学家、哺乳动物学家、环境科学家、地理信息系统专家和气象学家，最终发现这次疫情是由汉坦病毒（Sin Nombre Hantavirus）引起，汉坦病毒由野生小型哺乳动物传播，主要是北美鹿鼠（*Peromyscus maniculatus*），人类清扫干燥的老鼠粪便时，通过吸入悬浮的病毒颗粒而发病（Pennington 等，2013）。接下来的十年间，该研究团队及其他人员发现，这并非只是季节性汉坦病毒感染，而是在厄尔尼诺气象年份及病毒宿主（鹿鼠）大量增殖之后引起了感染病例的增多（Yates 等，2002；Mills 等，1999；Hjelle，Yates，2001；Brunt 等，1995；Calisher 等，2011）。

研究团队通过明确西南地区汉坦病毒的生态系统及生态学规律，拯救了许多人的生命。目前人们使用汉坦病毒在环境中的生态信息，在美国的高风险国家公园广泛开展有关鹿鼠粪便风险的公共宣教，使游客意识到这种疾病的风险，并且知道如何保护自己。自从发现最初几例汉坦病毒传染病例以来，针对这种从野生动物传到人类的疾病，新墨西哥大学的研究人员力主创立了一套基于科学的知识体系，对汉坦病毒有了深入了解（Calisher 等，2011）。由于其人畜共患的特性，汉坦病毒的宿主数量巨大（宿主是一种常见的啮齿类动物），所以无法永久性清除；因此，我们必须学习应该采取怎样的行动来避免传染上这种疾病，正如避免患上大多数人畜共患病一样。

了解新发传染病生态系统的另一个例子是北美东部的莱姆病。莱姆病是由伯氏疏螺旋体（*Borrelia burgdorferi*）这种细菌所致，每年有成千上万的人感染莱姆病，且发病率始终未见下降。由于人类具有宿主易感性，或是由于所受影响可变性较大，所以许多情况下会导致患者极度虚弱。在具有很强说服力的系列研究中，研究人员发现鹿蜱（肩突硬蜱 *Ixodes scapularis*）传播的细菌和鹿本身都只是间接受累。这次又是一个多学科的研究团队利用"了解疾病生态系统"的方法，解开了谜团：正是一种外来草本植物、小型哺乳动物的生物多样性以及城市居民与野生动物的接触，导致了莱姆病病例在过去几十年中的增多（Ostfeld 等，2018；Hersh 等，2014；Ostfeld，Keesing，2012；Keesing 等，2009；Levi 等，2012）。

通过了解公共卫生信息，有关莱姆病及其与夏季蜱虫的联系，如今在北美东部可以说是路人皆知。大多数人都清楚，应当在蜱虫叮咬之处的皮肤周围查看是否有牛眼环存在。同样，通过了解疾病系统，可以集中精力教育公众了解潜在的传播途径以及如何避免感染，而不是使用像疫苗这样费时费力且过于复杂的解决方案。从这一经验中，还可以得到生物多样性的减少如何导致病原体滋生的教训（Keesing，Ostfeld，2015）。

这两个疾病生态系统举例表明，仅对微生物加以识别而不了解疾病系统的复杂性，不利于我们了解传播途径和可能减少暴发的缓解措施。目前有 1700 种传染病和寄生虫病可侵染人类，其中超过 75% 为人畜共患病（Blancou，2005），而且疫情的暴发仍在增多（Smith 等，2014）。虽然了解每种人畜共患病系统的成本很高且耗费时间，但若能深入了解一类模型疾病生态系统，就可以将其外推至其他许多疾病。环境变化、人类与野生动物互动的增多、伴随气候变化的病媒活动范围的扩大、微生物的演变和宿主反应的变化，对于了解如何减轻致命流行病/疫情的传播都是至关重要的。随着人类、野生动物和环境之间互动频率不断加大、级别不断升高，对病原体生态系统的深入理解就成了"同一健康"方法的首要目标。

进化生物学、群体生态学和个体生态学的技术和方法、前沿野生动物标记再捕获技术、生存分析、空间地理信息系统分析、成本效益高且准确的测序法和生物信息学分析、流行病学建模、遥感和气候建模——这些都可以与最新型复杂统计分析和实验设计相结合，以检验该领域的各种推想，以便了解疾病生态系统以及导致疾病出现和蔓延的原因。一种多学科的方法，如用来发现四角汉坦病毒暴发原因的方法，可以带来科学的变革（Pennington 等，2013）。虽然这并非小型、廉价、简单的举措，但这种类型的研究确实可以带来很高的投资回报（ROI）。正如复杂的数学模型加上数据馈送可用来预测股票和商品的价值与回报一样，疾病监测项目可以而且应该按照其各自的 ROI 进行分类，按照不同类别执行疾病监测项目。

与受控的实验室工作相比，进行实地考察可能存在风险，因为实地考察的对象是一个动态的生态系统而非受控的人工环境，所以在实地考察中总有一些新事物需要学习。事实上，野外生物学的难点，恰恰是对环境和生态系统的学习掌握，也是对导致病原微生物出现的模式及相互作用的确认工作。70 余年来，野生动物科学已经努力弄清生态系统的原本面目，目的是更好地掌控并维持生态体系的健康有序。几十年来，这种方法不断发展，已经从引渡物种，应用到保护物种，而且用于对目标种群实施更佳管理。目前，人畜共患病的控制是许多物种管理工作的组成部分，虽然疫苗和抗生素在降低人类和动物的全球死亡率方面具有革命性意义，但随后出现的抗生素耐药性的增加被认为是威胁到全球卫生安全的一个重大问题。

汉坦病毒和莱姆病都是这样的例子，通过了解传染病系统生态学，可以直接找到大规模、高效、效价比高的缓解措施，这些措施直到今天才落实到位。虽然这两种病原体继续威胁人类和动物，但通过采用"同一健康"调查策略，其总体影响已大幅降低。正是通过深入调查，了解了这些疾病的生态系统，特别是了解了天气、植物、寄主异质性、生物多样性、干旱、人类行为、病媒、野生动物和宿主种属，是如何在致命病原体进入人类和动物体内的过程中发挥作用的。这两个例子可帮助我们理解传染病系统生态学的例子，并促成了公共教育、政策和管理实践的深刻改变，使传染病得到了全面而显著的减少。支持参与这项工作的研究人员的资金情况无疑显示了良性的 ROI。

3　策略方法：病毒预报

近十年来，美国用于抵御新发疫情的海外辅助资金中，大部分都投入到了人畜共患疾病传播率及蔓延率较高的地区，用于"病毒预测"工作。此类地区被认定为新发传染病的热点地区（Jones 等，2008）。通常使用热图来显示这些热点地区，例如多年来传染病的热点图显示，西非的疫情一直高于平均水平。但是，2014 年西非埃博拉病毒病的暴发流行证实，仅对易于暴发流行病地区有主观认知和客观了解，仍远不足以防止疫情。通过干预措施保护人类免受热点地区病毒疾病造成的危害，是可以做到的。但要达此目的，必须对新发病毒的生态学有高度清晰的提早认识，而且要在病原体引起疾病流行前有一整套工具来抑制病原体。美国预测项目（USAID PREDICT）从四个关键动物种群及其他种群那里采集标本，这些种群疑似携带或确定携带能蔓延到人类的病原体。他们为许多疾病热点国家配备了美国大学研发的标准 PCR 分析方法，这些方法以质粒为技术基础，用于研究不同病毒病原体，以广泛筛选美国国际开发署（USAID）资助下的监测活动在疾病热点国家所收集的动物样本。工作内容包括：采集样品，提取核酸，采集数据；只要有元数据就录入数据库内。将样本运回美国，并在美国的学术伙伴实验室进行测序，所有这些实验室都使用不同的技术和生物信息学方法。通过这一流程，可以得出疾病的诊断，但目前还不能区分病毒准种。该流程依赖于美国的测序核心机构，需要为期数月的操作程序，以促进全基因组分析。由具体机构和团体实施 PREDICT 项目的过程中，那些热点国家是按机构划分的，而不是按学科焦点划分。

过去几十年来，美国和世界各国都已经投资数亿美元，用于新发传染病研究的不同策略。虽然这两种策略在减轻传染病威胁方面都发挥着关键作用，但每一种策略在 ROI 方面却有显著不同。第一种研究策略旨在领会传染病的生态学，对各种疾病体系形成了深入洞察，以此为基础可构建生物监测策略和缓解措施。虽然研究关注的焦点只是一个地点，但其结果却可外推至其他地点及其他疾病。第二种策略是将病原体分类，并追踪病原体的系统发生学。这种策略在追踪季节性发病和新发疾病方面仍然具有关键意义，可用来领会对病毒毒力和传播能力造成影响的基因变化。第二种策略在全球采集到的样品即使不是数百万，也有数十万了，并取得一些发现，如发现了蝙蝠体内的埃博拉病毒。

疾病系统生态学的策略可以由不同的机构进行资助，即采用跨机构资助方法，将援助、科学研究和私人资助相结合；按照具体项目具体分析的原则，重点关注那些对人类、牲畜和野生动物构成最大威胁的疾病。2011 年，美国国立卫生研究院和国家科学基金会联手创建了一个以"传染病生态学和进化"（EEID）为专题的研究项目。这个项目从一开始就很成功，但随着申请者越来越多，投入到每项研究中的资金越来越少，内部的竞争越发激烈。虽然尚无数据支持这种激烈竞争的存在，但据研究人员报告，他们已被告知任何看上去是调查传染病生态学的项目，项目研究者就应该递交给 EEID。每种策略的潜在资金的饼图如图5-1。

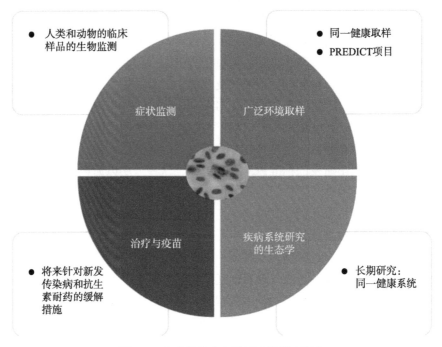

图5-1   疾病系统生态学策略的潜在资金

4   结论

本文所持观点是，通过对导致人畜共患疾病的复杂相互作用的深入理解，溢出效应是一种更有效的预防人类致病性传染病发生与再发的方法，其对疾病生态系统的投资回报（ROI）高于上述两种策略：病毒预测策略和病原体分类策略。并不是说上述两种策略对于微生物学和科学来说毫无价值，毫无疑问，它们是有价值的。但是，要是把它们当作致死性传染病的预测策略或应对策略，某种程度上却存在误导性。专项执行虽有10年以上，资金投入已达数亿美元，但没有做到预测或预防哪怕一例致死性疫情。人们正在把基因组和测序技术整合到疫情应对工作之中，因此对疾病传播链的洞察达到了不可估量的深度。可以预见，未来上述技术将变得更加扎实，标准化更高，在分子传染病学和疾病传播链的鉴别方面，将继续发挥重要作用。病毒和病原体分类对于科学来说都是至关重要的，但若我们的目标仅仅是对人类、动物和牲畜的保护，那么事实会让我们十分失望，因为这种方法的投资回报率很小，应归入"古董级"科学的范畴。"古董级"科学是指继续局限于地球上生命的多样性对其进行归类，而归类的对象既是现有生物，也是人类出现之前早已存在的生物。

　　历史告诉我们，某些类型的疾病和综合征有可能发展成高度致死性疾病，导致疫情及灾难性传染病。有些疾病呈季节性，经年累月，像流感和拉沙热那样；有些则仍停留在病例的个体蔓延阶段，如严重急性呼吸综合征（SARS）和中东呼吸综合征（MERS）。还有一些疾病原本未被认为是人类的威胁，但随着人类社会在心态和行为上有抵制疫苗的倾向，现在重新成为人类的杀手。通过研究每一疾病类型的生态系统模型，我们知道有哪些疾病过去曾导致数百万人死亡，现在仍然是可怖的杀手，就能装备好我们自己，来应对已知的疾病，也应对不断出现的新发疾病。随着环境压力的增加改变地球生态系统的动态，这些威胁将继续出现。稍稍了解下历史，就知道我们需要机敏灵活，随时准备好应对这些新发疾病。未来，当把技术、社会意识、对病原体及其他流行病学指标的持续监测结合在一起时，或许真能预测到新发疾病。但是，在本书成书之时，十多年来公众付出高额支出进行的疾病预测及病原体分类努力的投资回报率又是如此之低，正如这段时间里发生的重大疫情所证实的。为保障人类未来的安全，我们必须对致死性病原体的生态系统有所了解，具备了这样的知识，就能恰好在疾病出现之时，推断疫情情况，并予以掌控。

参 考 文 献

Blancou J, Chomel BB, Belotto A, Meslin FX (2005) Emerging or re-emerging bacterial zoonoses: factors of emergence, surveillance and control. Vet Res 36:507-522

Brunt JW, Parmenter RR, Yates TL, Ernest SM, Vigil R (1995) Predicting the hot zone: Rodent population dynamics and the Hantavirus epidemic in the Southwest. Bull Ecol Soc Am 76:33

Calisher CH, Mills JN, Root JJ, Doty JB, Beaty BJ (2011) The relative abundance of deer mice with antibody to Sin Nombre Virus corresponds to the occurrence of Hantavirus Pulmonary Syndrome in nearby humans. Vector-borne and Zoonotic Dis. 11:577-582

Hersh MH, Ostfeld RS, McHenry DJ, Tibbetts M, Brunner JL, Killilea ME, LoGiudice K, Schmidt KA, Keesing F (2014) Co-infection of blacklegged ticks with *Babesia microti* and *Borrelia burgdorferi* is higher than expected and acquired from small mammal hosts. PLoS One 9:e99348

Hjelle B, Yates T (2001) Modeling hantavirus maintenance and transmission in rodent communities. In: Current topics in microbiology and immunology. Hantaviruses, vol 256, pp 25677-25690

Jones KE, Patel NG, Levy MA, Storeygard A, Balk D, Gittleman JL, Daszak P (2008) Global trends in emerging infectious diseases. Nature 21;451 (7181):990-993.

Keesing F, Brunner J, Duerr S, Killilea M, LoGiudice K, Schmidt K, Vuong H, Ostfeld RS (2009) Hosts as ecological traps for the vector of Lyme disease. Proc R Soc Biol Sci 276:3911-3919

Keesing F, Ostfeld RS (2015) Is biodiversity good for your health? Science 349:235

Levi T, Kilpatrick M, Mangel M, Wilmers CC (2012) Deer, predators, and the emergence of Lyme disease. Proc Natl Acad Sci U S A 109 (27):10942-10947

Mills JN, Yates TL, Ksiazek TG, Peters CJ, Childs JE (1999) Long-term studies of hantavirus reservoir populations in the southwestern United States: rationale, potential, and methods. Emerg Infect Dis 5:95-101

Ostfeld RS, Brisson D, Oggenfuss K, Devine J, Levy MZ, Keesing F (2018) Effects of a zoonotic pathogen, Borrelia burgdorferi, on the behavior of a key reservoir host. Ecol Evol 8:4074-4083

Ostfeld RS, Keesing F (2012) Effects of host diversity on infectious disease. Ann Rev Ecol Evol Systemat 43:157-182

Pennington DD, Simpson GL, McConnell MS, Fair JM, Baker RJ (2013) Transdisciplinary research, transformative learning, and transformative science. Bioscience 63:564-573

Smith KF, Goldberg M, Rosenthal S, Carlson L, Chen J, Chen C, Ramachandran S (2014) Global rise in human infectious disease outbreaks. J R Soc Interface 11:20140950

Yates TL, Mills JN, Parmenter CA, Ksiazek TG, Parmenter RR, Vande Castle JR, Calisher CH, Nichol ST, Abbott KD, Young JC, Morrison ML et al (2002) The ecology and evolutionary history of an emergent disease: hantavirus pulmonary syndrome. Bioscience 52:989-998

第六章
低收入国家的灾难性风险及其应对

Stephen Luby，Ronan Arthur

目　录

S. Luby，R. Arthur
斯坦福大学（地址：Y2E2，MC 4205，473 Via Ortega，Stanford，CA 94305，USA）
e-mail：sluby@stanford.edu
Current Topics in Microbiology and Immunology（2019）424：85-105 https：//doi.org/10.1007/82_2019_162

摘要　自然生物风险和人为生物风险都威胁着人类文明,既可以通过直接置人于死地的疾病引起,也可以通过全球食品、能源和关键补给的准时交付系统崩溃之后的后续效应导致。人类存在多种固有认知缺陷,系统性地妨碍了对这些风险的审慎考量。低收入国家的居民,尤其是农村居民以及不太依赖全球商贸的居民,在应对灾难性威胁时可能复原力最大。但同时,低收入国家的生物灾难性风险也有增加。新发人畜共患疾病的热点地区,大多数位于低收入国家。低收入国家拥挤的环境、匮乏的医疗设施,都成为新发病原体向下一个宿主传播的温床,为适应更有效的人际传播提供了最佳环境。解决此类风险的策略包括:克服固有偏见,意识到这些风险的重要性,不要过度依赖于专门生物学对策的研发,而是要制定通行的社会行为应对模式,并加大投入,提高应对疫情的韧性。

1　引言

灾难性生物风险究竟有多大可能会影响到人类未来的兴盛,要准确估计并不容易,但它有足够的可能性,值得我们审慎考量。这样的事件算不上史无前例,因为人类以前早已经历过席卷一切的传染病疫情的侵袭。据估计欧洲黑死病肆虐的初期(1346～1353)致死人数就占欧洲人口的60%(Benedictow,2004)。据估计,高达90%的美洲原住民死于欧洲殖民者带来的天花、麻疹、鼠疫、斑疹伤寒的连续暴发(Hays,2005)。

自这些灾难事件起,虽然人们对传染病的认识不断增长,抗生素、疫苗、临床管控等医疗对策大幅进步,但是目前发生此类灾难的可能性不降反增。21世纪的地球是更多人的家乡,我们更紧密地彼此联结,不但越来越多地接触到新型病原体,更是暴露于合成病原体不断升高的风险之下。

如何控制当前全球生物风险呢?大部分的考虑都着眼于如何在高收入国家内部采取行动。但要知道在2016年,全世界84%的人口生活在高收入国家以外的地区(世界银行,2018)。低收入国家承受着当今全球传染病的大部分负担,在这里,新型传染病最容易从动物宿主身上蔓延到人群之中,并适应人际传播。因此,在下一波生物学灾难的预防及应对方面,低收入国家才是重中之重。

2　风险

有许多生物学灾难对人类构成了威胁。本文我们仅提到少数几例,表明在低收入国家这种威胁的概率有多大,从而构建一个可供考量的框架。

2.1 天然疫情

可以想到的情况是，一种很容易通过空气传播的新型病原体，能够导致卵巢或睾丸实质破坏或输卵管瘢痕形成。短短数月之内，人类生殖能力就急剧降低，以至于种族延续的前途渺茫。可以想到的另一种情况是，一种潜伏期很长的朊蛋白或生物毒素不知通过什么途径进入到了全球食品供应链中的某种商品内，如进入到了销售与消费都很广泛的某种主要谷物中。如果像朊蛋白引起的疾病一样这种毒素潜伏期长达数年，那么当问题被发现或人们将其联系到特定食物之前，将有数十亿人已经接触到了这一毒物。目前，据估计供人类消费的食物中有23%经过国际贸易（D'Odorico等，2014）。这一比例在不断升高之中，原因是许多粮食进口国土地和水源不足，而人口又在不断增长，预期2050年依赖外国种植的粮食为生的人口将达到52亿人（Fader等，2013）。既然粮食供给的全球化水平不断提高（Suweis等，2015），那么长潜伏期的生物毒素就有可能污染食品供给链，导致全球灾难的发生。另外，对进口粮食产品依赖性的日益增加，还意味着大量人口处在新发植物病原体的风险之下，关键农作物可因这些病原体而大幅减产（Evans，Waller，2010；Strange，Scott，2005）。

某种新型人类病原体，原本来自动物宿主，蔓延到人类后，生物学行为发生改变，从而适应了人际传播。一种天然病原体若想取得灾难性级别的破坏后果，必须具备两方面特质：第一是高传染性，第二是高致死率或高致残率。病原体通常具备这两种特质之一，而非同时具备两种特质。例如，流感病毒传染性极高，全球流行，但致死率却很低（<0.05%）（Kelly等，2011；Nishiura，2010）。即使一种新型流感毒株致死率达到了1918年疫情的1%～3%的程度（Frost，1920），大部分人还是可以存活的。尽管这样的疫情会带来可怕的全球冲击，但与导致更多人口死亡的大流行（如欧洲的黑死病）相比，不太可能对人类的未来造成影响。

相反，有些疾病病死率很高，但传播范围却很有限。例如，尼帕病毒（Nipah virus）的野生动物宿主是狐蝠属蝙蝠（*Pteropus*）（Halpin等，2011）。这种蝙蝠生活在整个南亚和东南亚，向南进入澳大利亚，向西最远达到马达加斯加（Nowak，1994）。这种病毒不会让蝙蝠生病（Middleton等，2007），却会让40%～80%的人类感染者丧命（Chua，2003；Luby等，2009）。尼帕病毒可发生人际传播，但传播效率不高。平均下来，每位感染者传播尼帕病毒的人数小于1人（Luby等，2009）。因此，尼帕疫情的人际传播仅会产生非持续性间断传播链。这种疾病对于感染者来说具有致命性，但感染人数很少。但是，如果某种病毒不仅像尼帕病毒那样有极高的致死率，而且还表现出人际传播的能力，随着人际传播能力得到强化，就会导致全球生物学灾难性风险。

2.2 人工合成生物风险

另一个能想象到的情景，是故意合成一种能高效传播且有高致死率的新型病原体，并将其释放出去。迄今为止，大多数暴力冲突中生物武器还不是首选武器；然而，从最近事态的发展趋势能看出未来这种风险会升高。成簇的规律间隔的短回文重复序列（CRISPR）和其他基因组编辑技术以及合成生物学的相关发展，使得对包括人类病原体在内的生物体进行基因改造的难度逐年降低。科学技术不断飞速发展，越来越轻便，越来越有力，越来越廉价。有了生物学知识和工具的扩展，意味着操控微生物的难度大大降低，可供越来越多的人使用。如今，顶尖大学校园里生命科学领域的许多研究生，都能够将微生物加以改良，改变微生物的功能，或研发出新型合成微生物。随着技术的日益精良，这些技术能力都将被配置在高校的科学项目中，供数万人使用，这些人既能学到其中的精华，又能聚焦在互联网提供的信息上。

有了更大的能力来构建人工合成病原体，且可供更多人使用，要想故意制造疫情就不再需要大量资金支持，也不必依靠有着众多研究者团队的政治实体，一个中等规模的恐怖组织或是一位心怀不满的个体即可部署。生物武器还提供了这样一个机会，事先通过免疫保护某些群体，同时使更多群体处在易受感染的境地；这种战略可能会被那些在宗教、意识形态、族裔或文化纯洁方面有狂热看法的群体所青睐。

既然基因编辑和生物学合成在技术上越来越简便，那么就有更多的团队参与新型微生物的编辑与创制工作之中，他们缺乏实验室安全的背景知识，也极少有潜在不良后果的防范意识。参与人数如此之多，极大加剧了不慎泄露危险微生物的风险。人工合成生物学在技术能力和可用性上逐年提高，也不断加大了这一风险。

2.3 连锁效应

生物学灾难性不仅对人类生命造成了直接威胁，而且通过系统的崩溃引起连锁效应。大都市，尤其是低收入国家里的大都市，都在这种重大破坏面前准备不足。全球南部城市的指数级增长是前所未有的。1990年，孟买、达卡、德里、金沙萨、加尔各答、拉各斯和卡拉奇的人口都在1000万以下，但目前预计到2050年，人口都将超过3000万（Hoornweg, Pope, 2017）。所有发展中国家里，市政府对规划的影响都十分有限（Kombe, 2005; Zebardast, 2006; Narae, 2014）。相反，这些大规模扩张是由房地产利益所驱动，体现的是公司和家庭立场上的经济决策。向城市人口提供的基本服务，包括水、电和交通设施，特别是向城市中最贫穷社区的居民提供的基本服务，总是显得微不足道（Sverdlik, 2011; Habitat, 2015）。穷人支付的每升水的费用超出富人支付费用的10 ~ 100倍（McIntosh,

2003；Segerfeldt，2005）。生活在城市贫民窟里的许多孩子都因伙食太差，长期处于营养不良状态（Fotso，2006）。这些不断扩张的城市几乎没有储备能力用以应对灾难的发生。

2.4　生物学对策太过迟缓

如果疾病的传播足够高效，能够感染全世界绝大多数人，那么生物学对策的研发速度也不太可能足以预防灾难性影响。当2009年4月首次在墨西哥发现H1N1流感的一个新变种，且被视作重大疫情风险时，人们优先考虑的事情就是研发疫苗。防治这种新型病毒的第一种疫苗在5个月后获批。到12月份，即发现这种新型病原体之后8个月，已生产出5.34亿剂疫苗（Partridge，Kieny，2010），即在需要执行免疫战役之后的数周或数月内，已具备足够全世界8%人口使用的疫苗。相比之下，到2009年12月，早已在208个国家、海外领地和地区出现了H1N1人类感染病例（Girard等，2010）。根据观察到的传播模式进行外推，就能知道世界上25%至39%的人口在疫情第一年既已被感染（Girard等，2010）。因此，即使对流感病毒这样具有众所周知的疫情潜力、疫苗年度研发程序界定清晰、有疫苗行销全球的病原体，特异性有效生物学对策的制定也远远跟不上病原体传播的进展。

当出现全新病原体时，有效对策成型的延迟就更加显而易见了。除非特异性生物学对策可以从常规的几个月到几年，明显降至目前还难以企及的几天到几周的时间，那么明摆的事情就是：在有效的生物学对策落实到位之前，一种全新流行病很容易通过呼吸接触实现全球播散。

灾难性愈演愈烈，可导致恐慌，这也可能妨碍人们对疫情做出全面考量，使人们无法做出审慎的决策（Baradell，Klein，1993；Holsti，1972；Keinan，1987；Starcke等，2008）。草率的决定会增加生物学对策的风险，草率决定本身会让疫情雪上加霜。使用合成手段改变微生物基因的对策，包括那些使用基因驱动技术来改变现存微生物种群及其后代的遗传结构的方法，尤其令人担忧。

3　解决风险的阻碍

学者、政客和普通民众所共有的多重认知障碍，对灾难性生物风险的严谨考量和预防措施的合理规划造成了影响。

3.1　可用性偏差

个人经验和易于回忆起的生动情感形象，都会造成人类风险认知的偏差。例如，新闻报道和大众文化中对暴力死亡的描述很常见，当考虑到风险时，暴力事件因其生动的特质使人立刻联想到它们。结果就是，普通民众相当大程度上高估暴力死亡事件的风险，而会低估糖尿病或心脏病的致死风险（Combs，Slovic，1979）。人们总是倾向于将容易出现在脑海中的特定场景等同于事件发生的具体概率，这种倾向称作可用性偏差。可用性偏差十分常见，可破坏正确的判断，包括人们对前所未有的生物学灾难性风险做出的判断（Tversky，Kahneman，1973）。

我们并不知道将来会发生什么，但在人类生命的多个层面，在制定政策方面，我们从既往经历中总结了丰富的经验，有助于预测充满不确定性的未来，从而做出规划。一位农夫既不知道下一季小麦的行情如何，是否足以收回自己投入的成本，也不确定气温和降雨能否带来好收成。但这位农夫能够借助自己以往的经验预测下一季可能发生的情景，从而做出审慎投入。一般说来，对于影响严重但概率低下的风险，人们只要对其有清晰了解，往往就能从容规划，加以缓解。例如，尽管洪水和火灾极不可能发生，但人们还是会购买洪水和火灾的保险。这是因为媒体对洪水和火灾的报道，再加上这些事件偶尔留给人们的体验，绘出了鲜明的场景，让人产生动机做出保护举措（Browne，Hoyt，2000）。

对前所未有的全球生物学灾难性概率加以预测，在时间规划上加以应对，都是很困难的，这是因为我们现有的经验提供的信息甚少。人类做出决策时的本能做法，与考量不确定性时需要的细致入微相比，经常是背道而驰。人类倾向选择简单明了的叙述（Taleb，2007），但是生物学灾难性风险却来自社会、生态、疾病传播这三个系统彼此交织的复杂相互作用（Arthur等，2017），这种复杂性本身就使预测工作变得不可能（Moore，1990）。即使是从事预测的专业人员也无法克服人类固有的认识论难题。事实上，复杂现象的专业预测，如股票市场上个股的业绩、全球经济的走向、体育赛事的结果、政治事件的结局等，这些事件的预测众所周知是不可靠的（Torngren，Montgomery，2004；Andersson等，2005；Tetlock，2017）。在任何一个指定的年份，全球生物学灾难性都是低概率事件，根据经年累月的生活经验，完全可以予以忽略不计。但是，累积的风险和灾难性后果表明，这种"忽略不计"的理解方式是不明智的。

3.2 乐观化偏差

人类决策还存在乐观化偏差。虽然乐观的性格有利于促成有效的领导力，但乐观化偏差却是大多数新兴行业衰败的原因（Cooper等，1988；Hayward等，2006）。当在谈话中提及全球灾难性风险时，常见的反应是立刻转移话题，代之以"人类会避免它出现的"或"我们会解决问题的"或"这是上帝为我们制定的计划"这样单纯而又一厢情愿的想法。所有这些反应，都折射出正视这些可信但可怕的情景时带给人们的不适，因为这些情景似乎太过巨大而难以应付，看起来如此不确定、前所未有，以至于让人怀疑其真实性。

与其严格地考量这些骇人的风险，不如将其彻底置之不理，这在心理学层面会让人舒服些。历史上有很好的例子，说明固有偏差和乐观化偏差是如何结合在一起，使人们忽略了一个灾难性风险的，这就是 1889 年 5 月 31 日的约翰斯敦洪水事件。一道土坝建在河流上游 23 公里处，虽然有土坝结构稳定性问题的紧急提醒，而且人们也意识到了如果溃堤将会对约翰斯敦的居民带来灾难性后果，但居民们的想法却是，既然截至 1889 年的 50 年间都没有溃堤，那么这种灾难真是不太可能，确切讲是无法想象的（McCullough，2007）。正是对实际风险的"无法想象""无法做出审慎举措"，才导致了截至 1889 年美国单次事件造成的最大规模的居民生命损失。

3.3　短期偏向

政治决策者因采取行动解决眼前问题而得到奖励，其代价却是牺牲那些回报期长、不能立刻看到效果的举措。这种政治决策的短期偏向，导致资本项目投资过多，运营维护投资不足（Devarajan 等，1996），对持续恶化的财政问题置之不理。例如，在人口日益老龄化、幼儿教育和环境保护投资不足的背景下，在经济相对繁荣的时期，财政赤字却不断增长（Aidt，Dutta，2007；Nixon，2011）。政客们很少因为防止了不良结局的发生而得到奖励。因为"结局"永远是默默无闻的那一位，它既不出彩，也不会记在政客的功劳簿上。"短期风险"与"结局"恰恰相反，对短期风险做出回应的政客在选民眼中是积极而负责任的，所以总能得到选民的青睐（Aidt，Dutta，2007）。

4　低收入国家与生物风险

4.1　资产

低收入国家与较稳定、较富裕的国家相比，面对灾难性生物风险的方式也有不同。与高收入国家的居民相比，低收入国家的家庭经历更多儿童夭折、青壮年早逝、赤贫、政治动荡、社会动荡和武装冲突（Stewart 等，2002；Østby，2008）。惨剧日益扩散与加剧，意味着与收入较高的国家相比，贫穷国家的居民在未来不利情境方面，不太容易出现乐观化偏差和可用性偏差。

低收入国家居民，尤其是居住在农村地区的居民，与高收入国家的社区居民相比，对集中化基础设施的依赖性也较小。工程用水、能源和运输基础设施无法覆盖大部分低收入国家人口。这意味着这些人口的生计很少依赖于集中式系统，而集中式系统在灾难中存在完全崩溃的风险（Perrow，1999）。

生活在偏远山区和自治区的自给自足的农民，或许是最能抵挡灾难性生物风险的人群。他们较少依赖全球经贸和物流系统来维持生计。他们的地域阻隔也限制了与传染病携带者的接触。因此，自给自足的偏远村落有可能就是未来全球生物灾难性人类劫后余生的景况。

4.2 低收入国家的风险

新病原体出现和蔓延风险最高的地域，即疾病的"热点地区"，在低收入国家中分布并不均匀（Morse等，2012）。历史上导致大规模人类死亡的传染病，病原体多来自于动物。例如，人类免疫缺陷病毒感染、结核病、麻疹、天花和鼠疫等（Wolfe等，2007）。在低收入国家的农村，人们既密切接触家畜（Sultana等，2012；Gondwe，Wollny，2007；Nahar等，2013），也密切接触野生动物（Friant等，2015；Brashares等，2011）。低收入国家人口膨胀更会增加对人与携带人畜共患病病原体的野生动物接触的风险（Weiss，McMichael，2004）。高收入国家会为减少人畜共患疾病传播提供公共卫生措施，而低收入国家的农业生产者则无力负担这些措施（Rimi等，2017）。通过宣教，鼓励低收入生产者投入时间和金钱来减少畜牧业的疫情生物安全风险，收效甚微（Paul等，2013；Manabe等，2012；Barennes等，2010，Rimi等，2016）。较之于减轻全球流行传染病风险这种遥不可及的概念，自给自足努力养家的低收入生产者，更喜欢把时间投入到能够立刻改善家庭生计的方面（Sultana等，2012）。

低收入国家的医疗设施状况也加剧了全球流行传染病的风险。低收入国家的医院拥挤异常。孟加拉国的三家医院调查中，平均每10平方米的住院人数为3.7人（Hays，2005），每小时无遮拦咳嗽和打喷嚏的平均次数为4.9次（Rimi等，2014）。在这些过度拥挤的医疗机构中，密集存在的易感染人群为新病原体的传播提供了机会。尽管高危新型病原体易感宿主不断死去，病原体的传播很难达到可持续状态，但是在易感人群高密度集中的情况下，病原体有更多传播的机会，在人类宿主体内停留的时间也更长，也就是说，这种环境会对选择压力造成强化，从而提高人际传播的效率（Antia等，2003）。

低收入国家的医疗机构缺乏自来水、肥皂、手套、口罩等物资，也缺乏医疗废弃物管理和杜绝危险病原体传染渠道的措施（WHO，2015；Ansa等，2002；Engelbrecht等，2015；Rajakaruna等，2017）。财务壁垒确实是对现状改善的阻碍，但相比之下，低收入国家的医疗机构（尤其是公共卫生健康机构）内部问责制薄弱以及激励措施的缺乏才是更大的障碍（Lewis，Gelander，2009）。在大多数低收入国家，与私营或非政府组织的就业人员相比，政府人员的收入更低（McCoy等，2008）。这会导致政府医疗机构中的人员以权谋私，从患者身上牟利（Roenen等，1997；Andaleeb，1998；Thappa，Gupta，2014；Nordberg，2008）。医疗补给和一次性医用耗材的预算很多时候无法到达第一线（Nordberg，2008），因为送到医院的物资通常经医院工作人员之手，转移到他们自己的私人诊所或在市场上公开出售（Lewis，Gelander，2009；Killingsworth 等，1999；Gray-Molina 等，2001；Ferrinho 等，2004）。政府卫生工作者经常缺岗（Lewis，Gelander，2009；García-Prado，Chawla，2006；Belita 等，2013；Chaudhury 等，2006）。

虽然世界卫生组织已经明确制定了降低低收入国家传染病的标准（WHO，2004），但这些标准与现有的预算和激励措施非常不一致，而这些激励措施曾经在低资源环境下推动了医疗机构的工作（Lewis，Gelander，2009；Killingsworth 等，1999；Hadley 等，1982；Zaman，1982），所以这些标准从未在外部资助的限时示范项目以外执行过。尽管低收入国家的医院是很多种病毒人际传播的重要场所，包括埃博拉病毒（Shears，O'Dempsey，2015），尼帕病毒（Chadha 等，2006；Ching 等，2015）、天花病毒（Mack，1972）、克里米亚–刚果出血热（Aradaib 等，2010；Parlak 等，2015）和可能出现全球灾难性风险的新型病原体，但卫生研究资助者并没有太大兴趣来支持研究，从而制定战略来降低新型病原体在低收入国家的医院内呈指数级加速的传播风险。

高收入国家面对新型灾难性生物风险，确实研发出了生物学对策，但其优先考虑的是本国国民，而非低收入国家的居民，即使后者面临的风险更大。H1N1 疫苗的配置情况就很有说服力。只有在高收入国家自己的民众已经有充足疫苗供给的情况下，疫苗才会提供给低收入国家（Fidler，2010）。这种优先次序导致的结果是，灾难的规模很可能更大，对全球的威胁更大。

低收入国家正在以史无前例的速度进行城市化建设。庞大且不断增长的人口已将地球生物产量中前所未有的比例用于粮食生产（Krausmann 等，2013）。世界人口约半数在城市里生活，预计这一比例还会增高（联合国，2016）。提供给这些城市居民的粮食，几乎全部在城市以外耕种（Zezza，Tasciotti，2010）。粮食生产需要持续不断的生物学活动、农业活动和经济活动。事实上，全球粮食储量仅够人类粮食年摄入量的 20%（Lilliston，Ranallo，2012）。因此，为避免粮食短缺、粮食恐慌和大范围饥荒，行之有效的运输系统和经济交流体系至关重要。若一种人际传播的传染病原体造成了极高的人类死亡风险，除了工人残障对社会体系的破坏，恐惧心理会随着大众媒体的宣传而加剧（Altheide，1997），就会削弱人们基本的信任和社会凝聚力，而这二者正是维系粮食转运和经济交流的根本因素。市民对粮食的巨大需求将很快损耗掉现有的食物储备，若不尽快补充，将引起更大的恐慌、饥荒、营养不良、伴随感染和社会解体。事实上，即使日益加重的疫情只累及了不足 1% 的人口，其后续效应依然对灾难性风险存在影响。

人口密度的显著加大，公路、集装箱轮船、航空等全球人口联结网络的不断延伸，都为传染性病原体提供了便捷可靠的播散通路，远超人类曾经面对的情况（Ahmed 等，2013；Kaluza 等，2010；Tatem 等，2006）。从前，人口密度较低时，一种能够导致全球疫情的新发病原体从未逃脱它首次现身于此的小型人类社团。

例如，让我们想想尼帕病毒，这种病毒因为能造成公共卫生紧急事件，而被世界卫生组织在2017年列为首要研究对象（WHO，2017）。在孟加拉国，尼帕病毒可以从狐蝠属蝙蝠（*Pteropus*）传染人类，主要传染途径是收获季节期间正在传播病毒的狐蝠属蝙蝠（*Pteropus*）污染了椰枣汁，喝了收获的椰枣汁的村民几小时后就会发病（Luby等，2006，Hegde等，2016）。大多数尼帕病毒感染者会死亡（Hossain等，2008），有些感染者可将病毒传播给他人（Chadha等，2006；Gurley等，2007）。尼帕病毒由于人际传播效率不高，所以从未引起疫情；但是尼帕病毒仍是值得担心的一个疫情因素，因为有出现尼帕病毒新毒株的风险，这种新毒株会有更高的传播效率，实现人际传播（Luby，2013）。虽然尼帕病毒首次发现于1999年（Hsu等，2004），但这一病毒种系在狐蝠属蝙蝠（Hsu等，2004；Chua等，1999；Field等，2011；Wacharapluesadee等，2010）和相关属（Drexler等，2009）内分布广泛，且受到感染的蝙蝠没有症状（Halpin等，2011；Middleton等，2007），上述情况表明尼帕病毒与狐蝠属蝙蝠一同演化，由狐蝠属蝙蝠进行传播已有千年之久。在当今孟加拉国的土地上，人们已生活了数个世纪，一直在收获椰枣汁（Blattner，1978）。但在19世纪，尼帕病毒的一个毒株可实现高效的人际传播，从蝙蝠界播散到了遥远村庄的人类居民当中，即使大多数村民遭到感染并死亡，但因村落间交通阻隔，居住点之间交往不便，所以传播链很容易终止。到了21世纪，情况有了显著不同，人口密度不断加大，使发生于一个村落的疫情病原体有更大的机会利用足够密集的人类活动网络，造成持续不断的传播。在合成病原体的研发、天然病原体功能长进方面，低收入国家同样面临着一些特殊风险。低收入国家的科学家通常没有那么安全的职业任期，获得研究经费的机会也比较少。愿意为合成生物学技能买单的团队能够找到的，很可能是一个就业不足的劳动力市场，能够利用越来越容易获得和使用的合成生物学工具。低收入国家的实验室往往也没有严格的许可要求。这种情况下，从事有利可图的病原体开发工作，根本比不上那些致力于维护研究机构声誉的项目，也比不上国际公认的高价值社会生产力的研究。

5　怎么办

5.1　面对各种问题

无论资源有限还是资源广泛，任何社会形态都能够采取几个步骤来避免令人可怖的生物学灾难性风险。首先，大学、研究者、记者和投资人都应把灾难性生物风险的分析和抵御工作当作头等大事，加以审慎考量，积极组织学生、研究人员、规划人员和执行人员投入创造性工作，发挥他们分析问题和解决问题的能力。为把此项工作放在优先位置，就需要解决包括乐观化偏差和可用性偏差在内的多个心理障碍，还要克服不愿意投入到干预性社会科研的心理偏差。为克服这些偏差，构建生动的情境来刻画生物学灾难性事件的潜在路径与结果，会大有裨益（Combs，Slovic，1979；Slovic等，2004；Gong等，2017；Trutnevyte等，2016）。识别出哪些是关键问题并加以解决，既能深化我们对风险的理解，还能指导我们如何在这些风险面前采取最佳措施。此类研究内容还应包括政治经济激励是如何导致这些风险无法得到解决的。具体研究内容包括：民众不关注这些问题，政客们对此也置之不理，政治举措主要着眼于短期焦点，为把预防工作和恢复工作放在首要位置需要艰巨的机构转向。尽管这些风险是有关生物学的，但这些风险的解决却超出了生物学范畴。

5.2　一般预防措施

很难知道哪些特定生物灾难迫在眉睫，而且针对特定风险的医疗对策需要很长的开发时间，因此即使在制定此类对策方面投入大量资金，也不太可能制定出适用于特定新发风险的定制解决方案。相反，有一些非医疗措施能够迅速落实到位，有效抵御多种生物学威胁。例如，提高肥皂或乙醇凝胶洗手频率，能够降低包括流感病毒（Talaat等，2011）、尼帕病毒（Gurley等，2007）和SARS病毒（Fung，Cairncross，2006）在内的多种传染病病原体的传播。先前的研究已经确定了一些可以奏效的技术，如通过创立一个易于洗手的环境，即让人们能够很方便地得到肥皂、水或酒精凝胶，而且向目标人群反复灌输信息让人们改变行为，并对他们的想法和理念做出回应，就能通过密集人际交流的方式显著强化洗手的习惯（Briscoe，Aboud，1982；Stanton，Clemens，1987；Langford等，2011）。

但是，如何使用大众传媒，让数百万计目标人群强化洗手习惯，尚缺少证据支持（Galiani等，2012）。既往严重疫情暴发过程中，人们把提高洗手频率的宣传信息快速落实到位，这样做确实起到了强化洗手习惯的效果（Lau等，2003；Rubin等，2009；Agüero，Beleche，2017）。这种能够快速落实的宣传干预如何进行？如何发挥其效应？对这一课题进行深入研究，就能提供重要手段，来降低灾难性疫情的影响。

其他应对措施包括禁行、学校关停和检疫，在感染性疾病暴发期间也曾经使用过。这些措施能否降低传染疫情的播散，相关证据彼此各异。虽然数学模型提示禁行能够起到延迟疫情传播的作用（Brownstein等，2006；Epstein等，2007），但实际上禁行令所针对的地点是媒体已经确认过的新发疫情威胁地点，而传染病传播的速度往往要超过我们对疫情的监测速度。另外，禁行还威胁到全球贸易体系，而这一体系在全球食品、药品和能源的供给方面起到至关重要的作用。同样，大多数研究发现关停学校也只是中等程度地减弱了疫情传播（Cauchemez等，2008；Jackson等，2013），何况这种减弱效应大小各异，不一定适用于新发生物学威胁。有益的做法是以科学的态度进一步领会哪些措施值得采用，以有效减弱传染病传播。可以在严重程度较低的疫情中，对这些措施及其效应进行审慎评估，从而指导我们制定出可快速执行的合理措施来应对更严重的疫情。

5.3　降低医疗机构内部的风险

为降低低收入国家医疗机构内部危险传染病传播风险，可制定可持续策略并加以评估，这是一个没有得到足够探索的领域，若加以关注，很可能找到降低风险的策略。政治学家们已经制定了深思熟虑的概念模型，用于应对弱国政府治理能力虚弱和腐败的问题（Migdal，1988；Börzel，Risse，2010）。卫生保健制度改革的倡导者们特别分析了政府治理能力的障碍，并提出了解决这些障碍的策略（Lewis，Gelander，2009）。有越来越多有关干预试验的经验文献，目的是总体提高政府作为（Humphreys，Weinstein，2009）并改善对卫生部门的治理（Gaitonde等，2016）。因为治理不善和腐败经常与长期历史发展以及政治社会紧张局势联结在一起（Migdal，1988；Coovadia等，2009），其解决绝非一蹴而就的事。在这些低收入国家背景下，抑制病原体传播的干预措施可能与高收入国家的干预措施大相径庭，高收入国家的干预措施可以通过不同的模型发挥作用，如员工薪酬补偿模型、不同机构规范模型、有执行能力的监管机构模型。事实上，这种办法只可期待在一个资源丰富的环境中奏效，在资源匮乏的环境中肯定运转不灵。若进行一项研究工作，探索低资源环境中医疗相关感染预防工作的实践和能力的异质性，并发现这种异质性与风险增加和降低相关的维度有多大，就可以得出某些理论，确定一些方法，为减少风险的干预措施提供更现实的手段。为了得到行之有效的新知识和手段，来降低低收入国家医疗机构内与卫生保健相关的感染，就要求资助者和研究者的思维模式都能超越生物医学的范畴，所寻求的方法要借鉴政治学、卫生体系和感染控制的文献，扎根在上述学科的实际研究中。

5.4　对抗联结与同一化

我们应该意识到边缘化政策的价值，如通过政策手段故意将某些人群边缘化，使其基本独立于全球经济社会体系。虽然政策的制定常本着"更紧密联结的世界带来更大的收益"的出发点，但被边缘化的团体却恰恰因为与外界较松散的联结而受益。遥远山区的村落可能是保持这种隔绝状态的最佳地点。全球化文化单一的社会形态中，每种农作物的耕作都力求得到最大收成，而且要有不间断的及时交付体系，实现热量和关键营养素对全球人口的供给；与这种全球化文化单一的社会形态相比，一种完全不同的食品供给体系能更好应对生物学灾难性事件。出现全球生物学灾难性事件经常伴发国际贸易中断的情况时，种类繁多的本地食品即可轻松应对。农作物品种越广泛,全球食品供给就越不容易受到毁灭性农作物病原体的影响。有助于农业生产的政令的制定,可提高疫情应对的复原力(De Bon等,2010)。

5.5 对复原力的投入

自由经济体系的眼光局限在效率之上。正如纳西姆·塔勒布断言,如果由一个经济学家负责人体设计,那么设计出来的人有一个肾脏就刚刚好(Taleb,2007)。既然大多数人自始至终都用不上,那么何必把冤枉钱花在第二个肾脏上面呢?但自然选择所青睐的,不但是效率,而且还有复原力。为抵御全球生物学灾难性的威胁,社会应当重视对复原力的投入。具备复原力的结构可以承受极端事件的发生,将重点放在限制损失方面,且对螺旋式连锁反应具有预防作用。复原力规划可以有数个层面,采取好几种形式。市政当局应考虑制定策略,当出现持续数周或数月之久的严重疫情破坏时,可以进行食物、水和能源的关键供给工作。与完全集式系统相比,输送能源、水和食物的分散式系统受到灾难性影响而出现故障的可能性较小(Perrow,1999)。人口不断增长,特别是在低收入国家城市非正式居住区内的人口增长,随着人均淡水供应量的逐步增加,一些地点正在采用分散供水办法,利用当地资源提供安全饮用水并减少环境污染(Massoud等,2009)。城市花园和城市农场的设立可以提高社区和城市的复原力。这种分散式体系越来越高效,在许多情况下得到了使用(Guerrero等,2010)。

还可以鼓励家庭在家里保存几个星期甚至几个月的易于保存的食物。在灾难发生的最初几天或几周内,不完全依赖外部粮食供应的家庭越多,解决危机和修复系统的时间就越充裕,人力资源就越丰厚。

6 结论

尽管难以确定特定生物风险可能性有多大,但这种风险确实存在、人口规模不断增长、人群联系日益紧密、灾难性后果的可能性等因素都表明,社会应该对这些风险给予认真的关注,提供相应的资源。

为了广泛应对这些风险,就需要认识到阻碍这项工作进展的普遍偏见。乐观化偏差和可用性偏差破坏了可靠的风险分析;除了这两种偏差,投资人、研究人员和决策者还需要规避简单化偏差,既要理解这些系统性风险,又要承认生物学手段是能够解决这些复杂问题的。生物学灾难的许多后果很可能是由于建设性社会交互体系的失效所造成。因此,一些最有效的预防措施往往依赖于对人类行为的积极推动,对社会层面的积极支持。

低收入国家的灾难性生物扰动风险最高,但预防工作能够产生的效益也最大。由于全人类都共享一个生物群落，所以躲在高收入国家里或躲在高收入团体构筑的保护墙后面而看不见低收入者面临的景况，不可能实现强有力的保障。这在根本上是一个全球问题，所以需要全球合作，一起来降低风险。

乐观化偏差的反面，即悲观化偏差，是指一种"我们不需要考虑这些问题"的想法，认为我们无法做任何事情来预防将要到来的灾难，也就不值得付诸努力来应对这些风险。这两种非建设性思维模式都需要被破除。风险评估、公共卫生规划和安全性规划构成的整个领域，都是本着"我们能够解决这些看起来无法解决的困难"这一出发点。过去，天花曾经每年致数百万人死亡（Hays，2005），但人们致力于认识这种疾病，应对这一危机，从而成功地清除了天花（Fenner等，1988）。氟氯烃正在损耗地球大气中的臭氧层，不断毁坏臭氧层发挥的抵制紫外光保护地球的作用（Molina，Rowland，1974）。凭借对这一危机的科学认知，通过人类的集体努力，人们制造出了危害较小的氟氯烃替代品。通过一项旨在控制使用氟氯烃的国际条约，人们几乎完全废止了氟氯烃的使用，使臭氧层得到不断恢复（Newman等，2009）。总之，人类历史表明，无论灾难多么巨大，都是可以成功控制并逆转的。同样，本文所述潜在灾难性风险并不是无法解决的。通过对广泛社会因素的研究和审慎考量，凭借公众对话和深思熟虑的干预，就可以解决这些风险。

参 考 文 献

Agüero JM, Beleche T (2017) Health shocks and their long-lasting impact on health behaviors: Evidence from the 2009 H1N1 pandemic in Mexico. J Health Econ 54:40-55

Ahmed SE, Souza CM, Riberio J, Ewers RM (2013) Temporal patterns of road network development in the Brazilian Amazon. Reg Environ Change 13:927-937

Aidt TS, Dutta J (2007) Policy myopia and economic growth. Eur J Polit Econ 23:734-753

Altheide DL (1997) The news media, the problem frame, and the production of fear. Sociol Q 38:647-668

Andaleeb SS (1998) Choice and evaluation of hospitals in Bangladesh: insights from patients and policy implications. J Health Epidemiol Dev Ctries 1:19-28

Andersson P, Edman J, Ekman M (2005) Predicting the World Cup 2002 in soccer: performance and confidence of experts and non-experts. Int J Forecast 21:565-576

Ansa VO, Udoma EJ, Umoh MS, Anah MU (2002) Occupational risk of infection by human immunodeficiency and hepatitis B viruses among health workers in south-eastern Nigeria. East Afr Med J 79:254-256

Antia R, Regoes RR, Koella JC, Bergstrom CT (2003) The role of evolution in the emergence of infectious diseases. Nature 426:658-661

Aradaib IE, Erickson BR, Mustafa ME et al (2010) Nosocomial outbreak of Crimean-Congo hemorrhagic fever, Sudan. Emerg Infect Dis 16:837-839

Arthur RF, Gurley ES, Salje H, Bloomfield LS, Jones JH (2017) Contact structure, mobility, environmental impact and behaviour: the importance of social forces to infectious disease dynamics and disease ecology. Philos Trans R Soc Lond Ser B, Biol Sci 372

Baradell JG, Klein K (1993) Relationship of life stress and body consciousness to hypervigilant decision making. J Pers Soc Psychol 64:267

Barennes H, Harimanana AN, Lorvongseng S, Ongkhammy S, Chu C (2010) Paradoxical risk perception and behaviours related to Avian Flu outbreak and education campaign, Laos. BMC Infect Dis 10:294

Belita A, Mbindyo P, English M (2013) Absenteeism amongst health workers—developing a typology to support empiric work in low-income countries and characterizing reported associations. Hum Resour Health 11:34

Benedictow OJ (2004) The Black Death, 1346-1353: the complete history: Boydell & Brewer

Blattner EB (1978) The palms of British India and Ceylon. Experts Book Agency, Dehli

Börzel TA, Risse T (2010) Governance without a state: can it work? Regul Gov 4:113-134

Brashares JS, Golden CD, Weinbaum KZ, Barrett CB, Okello GV (2011) Economic and geographic drivers of wildlife consumption in rural Africa. Proc Natl Acad Sci 108:13931-13936

Briscoe C, Aboud F (1982) Behaviour change communication targeting four health behaviours in developing countries: a review of change techniques. Soc Sci Med 2012 (75):612-621

Browne MJ, Hoyt RE (2000) The demand for flood insurance: empirical evidence. J Risk Uncertain 20:291-306

Brownstein JS, Wolfe CJ, Mandl KD (2006) Empirical evidence for the effect of airline travel on inter-regional influenza spread in the United States. PLoS Med 3:e401

Cauchemez S, Valleron AJ, Boëlle P, Flahault A, Ferguson NM (2008) Estimating the impact of school closure on influenza transmission from Sentinel data. Nature 452:750

Chadha MS, Comer JA, Lowe L et al (2006) Nipah virus-associated encephalitis outbreak, Siliguri, India. Emerg Infect Dis 12:235-240

Chaudhury N, Hammer J, Kremer M, Muralidharan K, Rogers FH (2006) Missing in action: teacher and health worker absence in developing countries. J Econ Perspect 20:91-116

Ching PKG, de los Reyes CV, Sucaldito MN, Tayag E, Columna-Vingno AB, Malbas FF et al (2015) Outbreak of henipavirus infection, Philippines, 2014. Emerg Infect Dis

Chua KB (2003) Nipah virus outbreak in Malaysia. J Clin Virol 26:265-275

Chua KB, Goh KJ, Wong KT et al (1999) Fatal encephalitis due to Nipah virus among pig-farmers in Malaysia. Lancet 354:1257-1259

Combs B, Slovic P (1979) Newspaper coverage of causes of death. J Q 56:837-849

Cooper AC, Woo CY, Dunkelberg WC (1988) Entrepreneurs' perceived chances for success. J Bus Ventur 3:97-108

Coovadia H, Jewkes R, Barron P, Sanders D, McIntyre D (2009) The health and health system of South Africa: historical roots of current public health challenges. Lancet 374:817-834

De Bon H, Parrot L, Moustier P (2010) Sustainable urban agriculture in developing countries. A review. Agron Sustain Dev 30:21-32

Devarajan S, Swaroop V, Zou H (1996) The composition of public expenditure and economic growth. J Monet Econ 37:313-344

D'Odorico P, Carr JA, Laio F, Ridolfi L, Vandoni S (2014) Feeding humanity through global food trade. Earth's Future 2:458-469

Drexler JF, Corman VM, Gloza-Rausch F et al (2009) Henipavirus RNA in African bats. PLoS One 4:e6367

Engelbrecht MC, Van Rensburg AJ, Nophale LE et al (2015) Tuberculosis and blood-borne infectious diseases: workplace conditions and practices of healthcare workers at three public hospitals in the Free State Southern African. J Infect Dis 30:23-28

Epstein JM, Goedecke DM, Yu F, Morris RJ, Wagener DK, Bobashev GV (2007) Controlling pandemic flu: the value of international air travel restrictions. PLoS One 2:e401

Evans HC, Waller JM (2010) Globalisation and the threat to biosecurity. In: Strange RN, Gullino ML (eds) The role of plant pathology in food safety and food security. Springer, Netherlands, Dordrecht, 53-71

Fader M, Gerten D, Krause M, Lucht W, Cramer W (2013) Spatial decoupling of agricultural production and consumption: quantifying dependences of countries on food imports due to domestic land and water constraints. Environ Res Lett 8:014046

Fenner F, Henderson DA, Arita I, Jezek Z, Ladnyi I (1988) Smallpox and its eradication. World Health Organization, Geneva

Ferrinho P, Omar MC, Fernandes M, Blaise P, Bugalho A, Lerberghe W (2004) Pilfering for survival: how health workers use access to drugs as a coping strategy. Hum Resour Health 2:4

Fidler DP (2010) Negotiating equitable access to influenza vaccines: global health diplomacy and the controversies surrounding avian influenza H5N1 and pandemic influenza H1N1. PLoS Med 7:e1000247

Field H, de Jong C, Melville D et al (2011) Hendra virus infection dynamics in Australian fruit bats. PLoS One 6:e28678

Fotso J (2006) Child health inequities in developing countries: differences across urban and rural areas. Int J Equity Health 5:9

Friant S, Paige SB, Goldberg TL (2015) Drivers of bushmeat hunting and perceptions of zoonoses in Nigerian hunting communities. PLoS Negl Trop Dis 9:e0003792

Frost WH (1920) Statistics of influenza morbidity: with special reference to certain factors in case incidence and case fatality. Public Health Reports (1896-1970), pp 584-597

Fung ICH, Cairncross S (2006) Effectiveness of handwashing in preventing SARS: a review. Tropical Med Int Health 11:1749-1758

Gaitonde R, Oxman AD, Okebukola PO, Rada G (2016) Interventions to reduce corruption in the health sector. Cochrane Database of Systematic Reviews (Online) CD008856

Galiani S, Gertler PJ, Orsola-Vidal A (2012) Promoting handwashing behavior in Peru: the effect of large-scale mass-media and community level interventions. World Bank Policy Research Working Paper

García-Prado A, Chawla M (2006) The impact of hospital management reforms on absenteeism in Costa Rica. Health Policy Plan 21:91-100

Girard MP, Tam JS, Assossou OM, Kieny MP (2010) The 2009 A (H1N1) influenza virus pandemic: a review. Vaccine 28:4895-4902

Gondwe TN, Wollny CBA (2007) Local chicken production system in Malawi: household flock structure, dynamics, management and health. Trop Anim Health Prod 39:103-113

Gong M, Lempert R, Parker A et al (2017) Testing the scenario hypothesis: an experimental comparison of scenarios and forecasts for decision support in a complex decision environment. Environ Model Softw 91:135-155

Gray-Molina G, de Rada E, Yañez E (2001) Does voice matter? Participation and controlling corruption in Bolivian hospitals. Diagnosis Corruption Fraud in Latin America's Public Hospitals

Guerrero JM, Blaabjerg F, Zhelev T et al (2010) Distributed generation: toward a new energy paradigm. IEEE Ind Electron Mag 4:52-64

Gurley ES, Montgomery JM, Hossain MJ et al (2007) Person-to-person transmission of Nipah virus in a Bangladeshi community. Emerg Infect Dis 13:1031-1037

Hadley MB, Blum LS, Mujaddid S et al (1982) Why Bangladeshi nurses avoid 'nursing': social and structural factors on hospital wards in Bangladesh. Soc Sci Med 2007 (64):1166-1177

Halpin K, Hyatt AD, Fogarty R et al (2011) Pteropid bats are confirmed as the reservoir hosts of henipaviruses: a comprehensive experimental study of virus transmission. Am J Trop Med Hyg 85:946-951

Hays JN (2005) Epidemics and pandemics: their impacts on human history. Abc-clio

Hayward MLA, Shepherd DA, Griffin D (2006) A hubris theory of entrepreneurship. Manag Sci 52:160-172

Hegde ST, Sazzad HM, Hossain MJ et al (2016) Investigating rare risk factors for Nipah virus in Bangladesh: 2001-2012. EcoHealth 13:720-728

Holsti OR (1972) Time, alternatives, and communications: the 1914 and Cuban missile crises. In: Hermann CF (ed) International crisis: insight from behavioral research. Free Press, New York, pp 58-82

Hoornweg D, Pope K (2017) Population predictions for the world's largest cities in the 21st century. Environ Urban 29:195-216

Hossain MJ, Gurley ES, Montgomery JM et al (2008) Clinical presentation of Nipah virus infection in Bangladesh. Clin Infect Dis 46:977-984

Hsu VP, Hossain MJ, Parashar UD et al (2004) Nipah virus encephalitis reemergence, Bangladesh. Emerg Infect Dis 10:2082-2087

Humphreys M, Weinstein JM (2009) Field experiments and the political economy of development. Annu Rev Polit Sci 12:367-378

Jackson C, Vynnycky E, Hawker J, Olowokure B, Mangtani P (2013) School closures and influenza: systematic review of epidemiological studies. BMJ Open 3

Kaluza P, Kölzsch A, Gastner MT, Blasius B (2010) The complex network of global cargo ship movements. J R Soc Interface 7:1093-1103

Keinan G (1987) Decision making under stress: scanning of alternatives under controllable and uncontrollable threats. J Pers Soc Psychol 52:639

Kelly H, Peck HA, Laurie KL, Wu P, Nishiura H, Cowling BJ (2011) The age-specific cumulative incidence of infection with pandemic influenza H1N1 2009 was similar in various countries prior to vaccination. PLoS One 6:e21828

Killingsworth JR, Hossain N, Hedrick-Wong Y, Thomas SD, Rahman A, Begum T (1999) Unofficial fees in Bangladesh: price, equity and institutional issues. Health Policy Plan 14:152-163

Kombe WJ (2005) Land use dynamics in peri-urban areas and their implications on the urban growth and form: the case of Dar es Salaam, Tanzania. Habitat Int 29:113-135

Krausmann F, Erb K, Gingrich S et al (2013) Global human appropriation of net primary production doubled in the 20th century. Proc Natl Acad Sci 110:10324-10329

Langford R, Lunn P, Panter-Brick C (2011) Hand-washing, subclinical infections, and growth: a longitudinal evaluation of an intervention in Nepali slums. Am J Hum Biol: Off J Hum Biol Counc 23:621-629

Lau JT, Yang X, Tsui H, Kim JH (2003) Monitoring community responses to the SARS epidemic in Hong Kong: from day 10 to day 62. J Epidemiol Community Health 57:864-870

Lewis M, Gelander G (2009) Governance in health care delivery: raising performance. The World Bank, Washington DC

Lilliston B, Ranallo A (2012) Grain reserves and the food price crisis. Selected Writings from 2008-2012

Luby SP (2013) The pandemic potential of Nipah virus. Antivir Res 100:38-43

Luby SP, Rahman M, Hossain MJ et al (2006) Foodborne transmission of Nipah virus, Bangladesh. Emerg Infect Dis 12:1888-1894

Luby S, Hossain J, Gurley E et al (2009) Recurrent zoonotic transmission of Nipah virus into humans, Bangladesh, 2001-2007. Emerg Infect Dis 15:1229-1235

Mack TM (1972) Smallpox in Europe, 1950-1971. J Infect Dis 125:161-169

Manabe T, Hanh TT, Lam DM et al (2012) Knowledge, attitudes, practices and emotional reactions among residents of avian influenza (H5N1) hit communities in Vietnam. PLoS One 7:e47560

Massoud MA, Tarhini A, Nasr JA (2009) Decentralized approaches to wastewater treatment and management: applicability in developing countries. J Environ Manag 90:652-659

McCoy D, Bennett S, Witter S et al (2008) Salaries and incomes of health workers in sub-Saharan Africa. Lancet 371:675-681

McCullough D (2007) Johnstown Flood. Simon and Schuster

McIntosh AC (2003) Asian water supplies reaching the urban poor. Asian Development Bank and International Water Association

Middleton DJ, Morrissy CJ, van der Heide BM et al (2007) Experimental Nipah virus infection in pteropid bats (*Pteropus poliocephalus*). J Comp Pathol 136:266-272

Migdal JS (1988) Strong societies and weak states: state-society relations and state capabilities in the Third World. Princeton University Press

Molina MJ, Rowland FS (1974) Stratospheric sink for chlorofluoromethanes: chlorine atom-catalysed destruction of ozone. Nature 249:810

Moore C (1990) Unpredictability and undecidability in dynamical systems. Phys Rev Lett 64:2354-2357

Morse SS, Mazet JA, Woolhouse M et al (2012) Prediction and prevention of the next pandemic zoonosis. Lancet 380:1956-1965

Nahar N, Uddin M, Sarkar RA et al (2013) Exploring pig raising in Bangladesh: implications for public health interventions. Vet Ital 49:7-17

Narae C (2014) Metro Manila through the gentrification lens: disparities in urban planning and displacement risks. Urban Stud 53:577-592

Newman PA, Oman LD, Douglass AR et al (2009) What would have happened to the ozone layer if chlorofluorocarbons (CFCs) had not been regulated? Atmos Chem Phys 9:2113-2128

Nishiura H (2010) Case fatality ratio of pandemic influenza. Lancet Infect Dis 10:443-444

Nixon R (2011) Slow violence and the environmentalism of the poor. Harvard University Press

Nordberg C (2008) Corruption in the health sector. CMI, Bergen

Nowak R (1994) Walker's bats of the world. Johns Hopkins University Press, Baltimore

Østby G (2008) Inequalities, the political environment and civil conflict: evidence from 55 developing countries. In: Stewart F (ed) Horizontal inequalities and conflict: understanding group violence in multiethnic societies. Palgrave Macmillan UK, London, pp 136-159

Parlak E, Ertürk A, Koşan Z, Parlak M, Özkurt Z (2015) A nosocomial outbreak of Crimean-Congo hemorrhagic fever. J Microbiol Infect Dis 5

Partridge J, Kieny MP (2010) World Health Organization H1N1 influenza vaccine Task Force. Global production of seasonal and pandemic (H1N1) influenza vaccines in 2009-2010 and comparison with previous estimates and global action plan targets. Vaccine 28:4709-4712

Paul M, Baritaux V, Wongnarkpet S et al (2013) Practices associated with highly pathogenic avian influenza spread in traditional poultry marketing chains: social and economic perspectives. Acta Trop 126:43-53

Perrow C (1999) Organizing to reduce the vulnerabilities of complexity. J Conting Crisis Manag 7:150-155

Rajakaruna SJ, Liu WB, Ding YB, Cao GW (2017) Strategy and technology to prevent hospital-acquired infections: lessons from SARS, Ebola, and MERS in Asia and West Africa. Mil Med Res 4:32

Rimi NA, Sultana R, Luby SP et al (2014) Infrastructure and contamination of the physical environment in three Bangladeshi hospitals: putting infection control into context. PLoS ONE 9:e89085

Rimi NA, Sultana R, Ishtiak-Ahmed K et al (2016) Understanding the failure of a behavior change intervention to reduce risk behaviors for avian influenza transmission among backyard poultry raisers in rural Bangladesh: a focused ethnography. BMC Public Health 16:858

Rimi NA, Sultana R, Muhsina M et al (2017) Biosecurity conditions in small commercial chicken farms, Bangladesh 2011-2012. EcoHealth 14:244-258

Roenen C, Ferrinho P, Van Dormael M, Conceicao MC, Van Lerberghe W (1997) How African doctors make ends meet: an exploration. Trop Med Int Health 2:127-135

Rubin GJ, Amlot R, Page L, Wessely S (2009) Public perceptions, anxiety, and behaviour change in relation to the swine flu outbreak: cross sectional telephone survey. BMJ (Clin Res ed) 339: b2651

Segerfeldt F (2005) Water for sale: how business and the market can resolve the world's water crisis. Cato Institute

Shears P, O'Dempsey TJD (2015) Ebola virus disease in Africa: epidemiology and nosocomial transmission. J Hosp Infect 90:1-9

Slovic P, Finucane ML, Peters E, MacGregor DG (2004) Risk as analysis and risk as feelings: some thoughts about affect, reason, risk, and rationality. Risk Anal 24:311-322

Stanton BF, Clemens JD (1987) An educational intervention for altering water-sanitation behaviors to reduce childhood diarrhea in urban Bangladesh. II. A randomized trial to assess the impact of the intervention on hygienic behaviors and rates of diarrhea. Am J Epidemiol 125:292-301

Starcke K, Wolf OT, Markowitsch HJ, Brand M (2008) Anticipatory stress influences decision making under explicit risk conditions. Behav Neurosci 122:1352

Stewart F, Holdstock D, Jarquin A (2002) Root causes of violent conflict in developing countries commentary. Conflict—from causes to prevention? BMJ (Clinical research ed) 324:342-345

Strange RN, Scott PR (2005) Plant disease: a threat to global food security. Annu Rev Phytopathol 43:83-116

Sultana R, Rimi NA, Azad S et al (2012) Bangladeshi backyard poultry raisers' perceptions and practices related to zoonotic transmission of avian influenza. J Infect Dev Ctries 6:156-165

Suweis S, Carr JA, Maritan A, Rinaldo A, D'Odorico P (2015) Resilience and reactivity of global food security. Proc Natl Acad Sci 112:6902-6907

Sverdlik A (2011) Ill-health and poverty: a literature review on health in informal settlements. Environ Urban 23:123-155

Talaat M, Afifi S, Dueger E et al (2011) Effects of hand hygiene campaigns on incidence of laboratory-confirmed influenza and absenteeism in schoolchildren, Cairo, Egypt. Emerg Infect Dis 17:619-625

Taleb NN (2007) The black swan: the impact of the highly improbable. Random House

Tatem AJ, Hay SI, Rogers DJ (2006) Global traffic and disease vector dispersal. Proc Natl Acad Sci 103:6242-6247

Tetlock PE (2017) Expert political judgment: how good is it? How can we know? Princeton University Press

Thappa D, Gupta DN (2014) The growing poison of corruption in health systems: how deep is the rot? Int J Adv Med Health Res 1:1-2

Torngren G, Montgomery H (2004) Worse than chance? Performance and confidence among professionals and laypeople in the stock market. J Behav Financ 5:148-153

Trutnevyte E, Guivarch C, Lempert R, Strachan N (2016) Reinvigorating the scenario technique to expand uncertainty consideration. Clim Change 135:373-379

Tversky A, Kahneman D (1973) Availability: a heuristic for judging frequency and probability. Cogn Psychol 5:207-232

UN Habitat (2015) UN ESCAP. The State of Asian and Pacific Cities 2015. UN-Habitat

United Nations (2016) The World's Cities in 2016—Data Booklet (ST/ESA/ SER.A/392)

Wacharapluesadee S, Boongird K, Wanghongsa S et al (2010) A longitudinal study of the prevalence of Nipah virus in Pteropus *lylei* bats in Thailand: evidence for seasonal preference in disease transmission. Vector Borne Zoonotic Dis 10:183-190

Weiss RA, McMichael AJ (2004) Social and environmental risk factors in the emergence of infectious diseases. Nat Med 10:S70-S76

Wolfe ND, Dunavan CP, Diamond J (2007) Origins of major human infectious diseases. Nature 447:279-283

World Bank (2018) World development indicators. World Bank, Washington DC

World Health Organization (2004) Practical guidelines for infection control in health care facilities. WHO Regional Office for the Western Pacific, Manila

World Health Organization (2015) Unicef. Water, sanitation and hygiene in health care facilities: status in low and middle income countries and way forward. World Health Organization, Geneva, Report No.: 9241508477

World Health Organization (2017) 2017 Annual review of diseases prioritized under the Research and Development Blueprint. World Health Organization, Geneva

Zaman S (1982) Poverty and violence, frustration and inventiveness: hospital ward life in Bangladesh.

Soc Sci Med 2004 (59):2025-2036

Zebardast E (2006) Marginalization of the urban poor and the expansion of the spontaneous settlements on the Tehran metropolitan fringe. Cities 23:439-454

Zezza A, Tasciotti L (2010) Urban agriculture, poverty, and food security: Empirical evidence from a sample of developing countries. Food Policy 35:265-273

第七章

生物技术是否带来了新的灾难性风险

Diane DiEuliis，Andrew D. Ellington，Gigi Kwik Gronvall，Michael J. Imperiale

目 录

摘要 生物技术在21世纪的进展，很大程度上得到了合成生物学领域的推动，极大地提高了对细菌、病毒和其他有机体进行操控和重组能力。这些基因工程的技术能力不断推动着药物制造、生物修复、组织工程以及生物安全方面的创新和进步。然而，生物技术在很大程度上是一把双刃剑，在积极应用的同时，还可能被滥

D. DiEuliis

美国国防大学（美国华盛顿哥伦比亚特区）

A. D. Ellington

得克萨斯大学奥斯汀分校（美国奥斯汀）

G. K. Gronvall

约翰斯·霍普金斯大学，布隆伯格公共卫生学院，环境卫生与工程系，约翰斯·霍普金斯健康安全中心（美国巴尔的摩）

M. J. Imperiale

美国密西根大学微生物学与免疫学系（美国安娜堡）

e-mail：imperial@umich.edu

Current Topics in Microbiology and Immunology（2019）424：107-119 https：//doi.org/10.1007/82_2019_177

用，造成蓄意伤害；所以需要提前准备好防御措施，以应对这些威胁。本章阐述了如何掌控现代生物技术和合成生物学所打造的利弊分明的双刃剑，重点论述了如何使用国家学术委员会研发的系统工具，来协助对新型科学发现的安全性效应的分析工作，还讨论了关注要点的优先次序。此外，还详细介绍了合成生物学如何发挥积极作用，做到有备无患，并强调了政策方向，以便在尽量减少风险的同时利用好这些新兴技术的积极因素。

1　合成生物学背后的生物安全性

20世纪70年代分子生物学技术的出现，引领生命科学进入了一个快速发展的时代，人们对细胞和生物体的功能有了更多了解，引导着治疗疾病的生物制剂的发展。在21世纪刚刚到来的时候，人们开始努力使基因工程的可预测性更高，使用的工具包括标准化组件、计算机设计和概念方法，这些统称为合成生物学。这些举措加快了创制和操纵微生物的能力，成果包括治疗药物和生物燃料的生产、对环境破坏的修复和其他重要的技术进步，这些都会造福社会。

然而，与所有生命科学研究一样，合成生物学也赋予那些想要对人类、动物、植物和环境造成蓄意伤害的人滥用技术的能力，这就是2004年美国国家研究委员会（NRC）报告《恐怖主义时代的生物技术研究》所描述的双重作用带来的两难境地（美国国家研究委员会，2004）。由于合成生物学可以用来制造和改造传染性微生物，所以必须提出这样一个问题：此类技术的某些应用是否会带来全球灾难性风险。近年来，一些个人和团体，包括总统科技顾问委员会（PCAST）、JASDN国防咨询小组对此进行了预测，预测工作包括了对全球灾难性生物风险的审查（Chyba，Austin，2016；Schoch-Spana 等，2017）。

本章作者包括美国国家科学院、工程院和医学院（NASEM）的成员，2018年他们撰写了题为《合成生物学时代的生物防御》的报告（美国国家科学院、工程院和医学院，2018）。委员会选择这个标题是为了表达对2004年NRC报告的尊重，承认技术的双重用途。在本章，我们总结了这份报告的要点，审视了合成生物学所赋予的技术能力的几个优缺点，尽我们所能评估这些技术错用带来的风险，探讨了控制并缓解上述风险方面的一些观点。

2　生物防御与合成生物学

2016年，美国国防部与其他负责保护美国免受攻击的机构一道，委托美国国家科学院、工程院和医学院（NASEM）进行了一项研究，要求NASEM就生物技术进步带来的隐患向他们提供建议。研究报告发表于2018年5月（美国国家科学院、工程院和医学院，2018年）。美国国防部要求委员会制定一个框架，以指导对合成生物学进展相关安全问题进行评估，评估此类进展所需的关注程度，并找到有助于缓解这些问题的方案（美国国家科学院、工程院和医学院，2018年）。委员会制定的框架是一个定性工具，提出了评估特定威胁时需要考虑的四个主要因素：①技术的使用简便性；②执行者的能力；③武器化潜力；④缓解能力。对于上述每一因素，提出了一系列问题，进行了一些思考，来帮助我们进行分析。

　　美国国家科学院研究的三个主要结论总结如下：①合成生物学扩大了技术滥用的可能性，且生物技术正在迅速发展；②一些恶意应用程序虽然现在看起来不太可能实现，但只不过是受到了特定技术瓶颈和技术阻碍的限制而已，通过进一步的生物技术进展，这些瓶颈和阻碍会被克服；③报告中所述的框架是分析和优先考虑潜在生物安全问题的有用工具，当我们考虑到生物技术新进展可能引起生物安全问题时，尤其能体会到这一点。

　　委员会将其框架应用于十二种潜在能力，认为这些能力是合成生物学工具可以实现的，例如，使已知病毒更具毒性的能力、破坏人类免疫系统的能力、用合成成分产生已知致病菌的能力、创制一种全新病原体的能力，等等。对于每种能力，委员会评估了以下四项因素与这些能力的相关性：技术的使用简便性、执行者的能力、武器化潜力、缓解能力；而且根据委员会对其关注度的大小，给这十二种能力做出排序。

　　委员会没有试图预测新的能力会何时出现，这样做会使报告成为一份立即过时的静态文件，而是着眼于目前存在的一系列瓶颈和障碍。委员会解释了技术和知识的进步如何能够克服这些瓶颈和障碍，从而使潜在威胁的可能性升高。该委员会建议，国防部作为这项研究的主办方，应该与其他负责生物防御的机构共同监测该领域的进展，着眼于这些直接影响瓶颈和障碍的技术进步，因为这些进步可能导致新型威胁的出现，对此我们需要加以防御。

　　以下各节将重点介绍与NASEM研究所述能力相似或相同的几项能力，这些能力通常与全球灾难性风险相关。

3　病原体的创制和已灭绝病原体的死灰复燃

　　人们利用脊髓灰质炎病毒，首次证明了从DNA分子产生感染性哺乳动物病毒，这样做是可行的（Cello等，2002）。这一研究团队使用一系列寡核苷酸组装出病毒RNA基因组的cDNA拷贝，使用后者进行离体反应，制造出具有传染性的病毒颗粒。在脊髓灰质炎病毒合成的报告发表后不久，美国疾病控制与预防中心的一个实验室报告了1918流感病毒的成功重建（Tumpey等，2005）；在这项试验中，从去世患者的尸体上采集了病毒RNA，用来制造cDNA，然后使用cDNA通过标准转染技术产生传染性流感病毒（Neumann，1999）。已从合成基因组中分离出体积越来越大、复杂程度越来越高的传染性病毒；最近，一项旨在开发新型天花疫苗的实验中，人们发现了一种痘病毒——马痘（Noyce等，2018）。病毒的合成有多重目的；最近，人们面临着从持续的疫情中获得实验室标本的难题，来自美国疾病控制与预防中心（CDC）的研究者合成了传染性埃博拉病毒毒株，供该团队的分析研究之用（McMullan等，2018）。

许多此类合成项目都存在争议。脊髓灰质炎病毒论文的资深作者埃卡德·维默（Eckard Wimmer）因其工作受到了国会的谴责，他的工作被视为有害于生物安全（Warrick，2006；Wimmer；2006）。1918流感实验引起了生物安全界的关注，出于生物安全性考虑，报告这项工作的稿件首先由国家生物安全科学咨询委员会（NSABB）逐字审查，然后才予以发表（Kennedy，2005）。NSABB一致建议出版。同样，有关马痘的工作也引起了极大争议，这种争议一致持续到出版工作之后（Inglesby，2018；Koblentz，2018；Kupferschmidt，2018）。

这些合成项目之所以引起不同程度关注，原因在于这些项目与疾病的严重程度、可以利用的缓解战略以及其他正在进行的生物技术优先事项存在相关性。例如，一种有效的脊髓灰质炎疫苗已经存在；然而，当时有人担心，脊髓灰质炎合成实验为更多的病毒合成项目铺平了道路，也许是出版的时间（恰好在2001年炭疽袭击后不久）导致人们担忧。对于1918流感，现有的流感疫苗可能无效，即使1918毒株是H1N1毒株，正像病毒重组时传播的一种毒株一样（这种毒株现在仍在传播），现有疫苗也可能无效。这是因为抗原漂移足以改变了H1N1病毒的免疫原性表位，从而造成疫苗无效。然而，当1918流感研究成果发表时，人们对可能爆发的禽流感（H5N1）有相当大的恐惧心理，也有充分的准备，针对1918年发生的流感研究可能已经考虑到了这种担忧，因此人们往往没有过于激烈的反对。在马痘的合成方面，对这项研究的反对意见是：恶意者可以用同样的实验室方法重现天花病毒，即天花的病原体。天花是一种毁灭性的疾病，可传播，有30%的死亡率，并已被根除。虽然能得到有效疫苗和疗法，但人们仍担心致力于此类工作的实验室会不慎造成病毒外流，这就需要繁冗的工作去遏制病毒，尤其因为大多数人对天花没有免疫力，而且几十年前就已经不再进行疫苗接种了。

目前，再造细菌或真核病原体在技术上并不十分可行。构建并操控一个大型基因组所需的资源和专业知识，是很难实现的，更不用说从基因组到生物体的步骤了。虽然人们已经达成这一目的——2010年J.克莱格·文特尔（J. Craig Venter）及同事发表了整个细菌基因组的合成研究，但这绝非轻描淡写之举，而是4000万美元的巨额投入和15年的努力（Gibson等，2010；Venter，Gibson，2010）。同样，要是有人想搞破坏，从自然资源里找到或分离出病原体，与实验室合成相比要简单得多。尽管如此，细菌或真核病原体的创建，依然是NASEM报告所提示需要在未来予以审慎监测的领域。

4 病毒和细菌基因组的调整

合成生物学不仅可以创制病毒或使病毒死灰复燃，而且还能将新性状引入到病毒基因组内。例如，基因治疗领域目前正进行大量工作，制造出的病毒通过调整其受体趋向性，从而靶定于特定细胞或组织（Asokan，Samulski，2013；Goins 等，2016）。不幸的是，用来将治疗性基因（转基因）引入病毒的手段，同样也可用来引入那些编码有害蛋白或毒素的基因。在基因治疗中，转基因通常是由复制缺陷、非致病性或两者兼有的病毒表达得来。然而，一些病毒，特别是大型DNA病毒，可以容纳额外的基因"有效载荷"，无须牺牲其致病性或复制能力。对于容纳额外基因的病毒在野生状态下的适应性，人们无法对其进行测试，因此这类病毒可能不具有适应性，对适应性进行检测也有可能是不合法的生物医学研究活动。

另一个潜在的生物安全性问题是，恶者有可能把来自不同病毒的基因"混合并配合"，来制造毒力更大的病原体。这种企图存在一个最大的障碍，就是在演化过程中病毒基因组的大小和结构都已经过细致调整，病毒的毒力恰恰取决于这些微调。这一点的有力证明是研究发现，只要简单地改变水疱性口炎病毒基因的顺序，毒力就会大大减弱（Wertz等，1998）。因此，想要生产一种更强毒力的嵌合病毒，特别是其设计者能够预测其毒力的嵌合病毒，将是极其困难的。然而，合成生物学为执行者提供了一种可能，即在没有任何先入为主理念的情况下，能够调查大量的序列空间，也就是说，可以一次尝试多种选择（只要能够为所需的特征找到合适的序列，并且有途径获取资源）。如果这种方法得到娴熟运用，就会造成严重的生物防御的问题。

合成生物学的登场，使以前就存在的对实验室操纵病原体的生物安全问题有了更多担忧，例如，给细菌引入抗生素耐药性，这是一个长期的生物防御问题。合成生物学为生物多样性提供了一条更为简便的途径，来实现生物威胁的多样化，这对防御构成了挑战。没有合成生物学以前，操纵细菌基因组来引入新的特征在技术上通常比操纵病毒更为直接。例如，利用质粒进行转化是一种常规的实验室技术，既可用于引入对临床有用抗生素的耐药性，也可用于引入编码有毒产物合成的遗传通路。单细胞真核生物也可通过引入外源DNA进行改良。然而，随着对生物合成途径理解的加深和对酶功能的设计能力的提高，上述能力将在技术层面上更容易实现。这是NASEM报告中最受关注的一个领域，即利用生物体原位输送有毒产物，例如，通过将生物体引入宿主微生物群实现这一目的。

　　将已知物种的致病特性进行混合与匹配（用合成生物学的说法，就是"即插即用"）的能力，会随着对广泛细菌（或称"底盘"）基因表达的理解的深入而增强。例如在过去，试图在异源细菌菌株中表达毒素基因无疑是具有挑战性的工作。现在有许多工具提供帮助：表达框架法和表达构建法已用于多个种系，T7 RNA聚合酶等工具已经过改良，适合在多个平台上使用。分泌系统得到了更好的定性描述，基因的转移不仅在菌株内部实现，而且在相关性较小的不同菌株之间也已实现（例如，在革兰氏阴性菌株与革兰氏阳性菌株之间），这些成为稀松平常的操作。因此，毒素"有效载荷"并不局限于单一类型的细菌，而是可以引入几乎任何种系，包括那些公认无害的种系。这样，人为操控微生物特征使其致病成为可能，操控的对象包括宿主范围、趋向性、传播频率和传播模式。人为操控会产生众多变化，这些变化对所产生的嵌合体的适应性的影响属于未知，但在生物武器及恐怖主义层面上，这种影响可能并不重要。

　　合成生物学也赋予人们能力，能够合成很大的DNA片段，并将其拼接为微生物，包括那些编码复杂小分子合成通路的多个基因。有了这种合成能力，就可以制造以前无法实现的生物武器。在过去，认为曲霉菌之外的某种生物能产生黄曲霉毒素，那一定是天方夜谭，但有了合成生物学作为工具，这种毒素以及其他许多毒素的生产果真实现了。以更复杂的方式在错误的方向上使用这些工具，就是二元生物武器的制造原理，也是对生物信号做出复杂致病反应的机制；这里所说的生物信号举例如下：利用细菌的群体感应或人体生理产物成功获得感染后，出现的生物信号。

　　大分子量DNA合成能力有了迅速发展，使生物威胁的扩张能够以串联和并行两种方式进行。设计—构建—检验，这一循环处于合成生物学实践的核心，根植于"设计无须太过精确"这一理念，理由是能够对许多构建产物进行检验，以此为起点走向完善，即从反复磨炼中走向最优设计。"某个武器是否有效"仍然是个问题，但可能的情况是：多种构建产物可以平行制造，平行产出，让自然选择来判定哪种构建产物具备最大的感染能力和传播能力。这就表明，在研发周期的开始，可产出多种潜在病原体；这是一种非常不同的模式，不同于以前生物武器制造者采用的模式。

　　最后，合成生物学还有另一贡献，起到对生物威胁推波助澜的作用，就是给出了"生物威胁"的新定义，新定义离开了微生物层面，进入DNA的级别。过去，微生物是复制的单位。现在，DNA载体自身即可提供传播手段，既以多宿主载体的形式，也以噬菌体的形式。正如P1转导和λ溶酶原的使用是分子生物学早期发展的必要工具一样，细菌菌株甚至菌种之间的传播工程正在成为合成生物学努力超越单一有机体进入整个微生物界的标志。例如，革兰氏阳性菌高传染性整合结合元件（ICE）的发现与工程。这种传播，使"共生DNA"的人为引入成为可能，这种DNA会首先扩散到所在的整个微生物群落，然后传播到其他微生物群落。原版细菌可能在这种构建产物被触发时或在一个人出现症状之前就消失了。

微生物组是一个活跃的研究领域，有人认为微生物组的构成对人类疾病状态的影响既明显（如糖尿病），也不明显（如精神分裂症）。这一点可被生物武器化所利用，面对生物武器的威胁，现有的生物防御体系还没落实到位。这种威胁的针对性和传播将会存在难点，因为微生物组的构成似乎受到人类行为的最有效调控。然而，随着人们更清楚地阐明微生物对肠道和其他微生物储存部位（如皮肤、鼻咽、口腔、阴道）的适应机制，将出现更多实施生物工程的机会。这就有可能带来了一个持续敌对的复杂对手，这个对手不断引入自我复制的DNA分子（也可引入多宿主载体，即噬菌体），这些DNA分子会微妙地影响微生物群，从而导致更高的发病率或致残率，且这些疾病和残障既难以检测，也难以归因（若水平传播，可能被认为是嵌合体；而带有外来DNA的有机体的来源如何更是疑团重重）。庆幸的是，正是这种生物攻击具有不可捉摸性，说明它并不在那些有害微生物之列。

5　合成生物学在应对全球灾难性事件方面的作用

历史上，鼠疫、天花和流感暴发都曾造成人类大规模死亡，显示了传染病传播的致命后果。随着人类群体间日益紧密的联结，凭借现代交通工具实现越来越频繁的交流，即使是小型疫情，也比一百年前更有可能产生不良效应。疾病会传播更快，流行全球，成为灾难性事件，远快于人类所能做出的应对。

人类预防、控制并缓解此类灾难性事件的能力，取决于正确而迅速地采取关键性防御措施的能力，即检测疾病，确定致病病原体，并以适宜的医疗及非医疗手段加以应对（而所有这些手段尚待研发）。生物监测、诊断和医学对策都是应对传染疾病疫情武器库中的关键兵器，但仍受到研发和配置的速度及准确度的限制。如果将已知威胁列在有限的清单内，那么就有可能完成这些复杂的任务了；事实上，全球疫情应对机制的显著特征，正在于接受特定监管的病原体的多份清单，如特选制剂列表、澳大利亚集团名单等。但是，与基于清单的生物防御框架及其完备性相反，合成生物学却是反其道而行之。有幸的是，合成生物学也开启了使用新工具来解决灾难性疾病的新通途。

6　生物监测的挑战

目前，生物监测在有效性方面依赖于两个基本要素：一是临床评估，二是实验室检验诊断。当感染者来到医疗机构就诊时，即可观察到症状，进行实验室检验来确定致病病原体。尽管症状常见于许多疾病，但流行病学观察（病例在短时间内增长，且有特定地理位置）会使公共卫生系统意识到大流行事件可能正在发生。通过微生物培养和形态学检测手段、基于抗原的免疫学方法和/或基于DNA的分子测序法，可检测到病原体。

利用合成生物学的工具创制的微生物能够影响到生物监测的两个方面。例如，一种工程化微生物可能导致一系列临床上不易识别的症状，从而混淆诊断，延迟人们对迫在眉睫疫情的认识。上述情况不一定与天然新型微生物或疾病所致混淆有差别，因此，最好的缓解方式仍然是不断对流行病学的各种工具加以强化。在此方面，建议强化并持续更新公共卫生基础设施——值得注意的是，埃博拉病毒这种列在选定病原体清单上的已知微生物，2014年却与拉沙热、疟疾相混淆；可能正是这一误诊造成了应对措施的灾难性延误（Kouadio等，2015）。一种试剂也可能经过专门设计，使其得到立即识别，而不依赖于序列数据库和基于已知病原体现成工具的分子检测手段（如即时检验提供的PCR试剂盒）。基于选定试剂的标准化工具可以提供即时读数，以便快速"排除"已知的病原体；但对于因合成生物学而实现其合成的多种微生物来说，这些标准化工具具有同样有效的作用。例如，目前配置的工具无法检测到未知病原体、基因工程嵌合体，以及改变了引物或探针结合位点的微生物。最后，合成生物学使生化反应（而非病原体）得以出现，以严重干扰临床诊断的方式来造成威胁。例如，一种由工程化共生肠道微生物分泌的毒素既可提供一种新的传播途径，又混淆了诊断分析，同样，在应对方面也造成延迟，导致有害后果。

幸运的是，合成生物学和相关学科的工具也可能为疾病监测提供解决方案，无论新型病原体是自然发生的还是人为制造的，所提供的解决方案都可能是有利的。首先是读取DNA（统称为二代测序，NGS）的能力有了大幅提高，然后才有了DNA的"书写"革命，读取能力的提高使DNA书写革命成为可能。这些高通量测序方法可以减少鉴定生物制剂的时间和成本；有针对性的"NGS"可以集中在已知病原体的区域，从而加速它们的识别速度，使其远超PCR测序速度（例如，应用靶定NGS可能使上例埃博拉病毒病的诊断速度加快）。NGS也可用于"宏基因组学"法，即当病原体未知，而又必须对复杂的环境或临床样本进行评估时采取的方法。深度测序足以揭示新型或基因工程病原体的基因组，以便能够重新组装基因组，并开始定性描述。一旦确定了新型基因组或得到改变的基因组，就可以快速制备PCR和靶向NGS试剂，以便针对其他样本或患者进行更低成本的快速检测（美国国家科学院、工程院和医学院，2018）。在疫情期间NGS还可以用来评估病原体感染宿主期间的演变或突变，这些信息对于疫情的成功缓解也十分关键。

实现NGS的成功使用，关键在于：要有定制生物信息学工具和合适的参考数据库可供使用。必须予以分析的基因组信息的规模巨大，这就限制了上述工具的可用性。并且在没有标准、缺乏统一数据的情况下难以将参考数据库组合起来，问题包括：应该使用什么样的宏基因组数据作为基线（Jackson等，2018）？另外，若某个序列与标准不匹配，有什么含义？这些问题是生物监测面临的主要难点。目前基于列表的方法，所依据的是传统分类法。新型病原体和菌株要通过生物勘探来发现，但使用分类法对病原体进行分类，则可能花上几年时间，这是因为通过基因工程得到的病原体与传统分类学并不匹配。国际空间站上发现了炭疽细菌，这是一个意义深刻的例子，说明仅仅进行异常分析不足以证实一个蓄意制造生物威胁的结论（van Tongeren等，2014；Venkateswaran等，2017）。

越来越多的来自环境样本的测序信息和基于序列的常规监测方法，最终可为基于更多信息的异常分析和来源评估提供合适的基线。还有一个悬而未决的问题是，是否应该及如何根据患者的症状和激活的基因或蛋白产物，进一步确定病原体的特征。根据生物功能而不是分类学来描述和管理微生物，人们已经研究了这样做的可行性，但应在全球生物监测企业行为的特定背景下重新评估。最近美国国家科学院关于合成生物风险的研究表明，计算方法可以通过在列表注册与软件设计、自动化铸造厂之间建立联系，来提高列表注册的效用（美国国家科学院、工程院和医学院，工程部，2018）。

合成生物学的方法也可能成为生物监测的一个新型的强大手段，这一手段源自复杂的本地分析，而非临床实验室。为资源贫乏地区开发的即时检验，也可能被证明有利于对事件的识别或监测。例如，专业DNA探针阵列在鉴定抑制微生物方面可能有用。高密度阵列方法（有数千个DNA片段）虽然不像实时PCR那么敏感，但可以查询DNA的许多区域，并适用于复杂的人类样本的检测。一些应用已经在书面上实现，使其在各种条件下作为全球生物传感器得到快速和方便的应用；可以编制冷冻干燥基因合成回路，用于各种病理学诊断，其成本低，开发迅速（Patel，2016）。比色法检测小分子和核酸，如细菌抗生素耐药基因的检测，现在也已成为可能（Courbet等，2016）。同样，我们如果有能力将新型微生物与其主要的生物学特性、所致一系列患者临床表现相联系，那么这些经过改进的方法就能够得到成功应用。

最后，医学对策的制定是一个漫长的过程，针对已知微生物尚且如此，合成生物学面临的威胁更多，使这一过程更具挑战性。合成生物学再一次让我们看到希望，有望大大缩短治疗药物研发所需时间。合成抗体、基因和寡核苷酸的简便研发方法，现在可用来支持传统的小分子药物和免疫学工具的开发。基因工程生物对策可以通过生物元数据的扩展，得以进一步实现；这些元数据解决了分类难题，并有助于理解临床发病机制的方方面面，这些方面正是医学对策（MCMs）的基础。如果发病是由于有限的几条通路所致，那么就可以通过研发基因工程医学对策，作为这些通路的特定替代品。

合成生物学还能够对较为传统的疫苗和抗生素的研发起到加速作用。例如，计算设计法和定向演化法使药效范围广泛的药物和疫苗的研发成为可能，如可以接种"通用"疫苗，来防御一系列流感疫情。合成生物学的设计—构建—检验周期，可以用来加速药物生产线，如疫苗的单元生产、植物药的合成。相反，合成生物学提供了制造高价值化合物的手段，迄今为止，这些化合物只能从天然植物或其他有机体中获得。因此合成生物学解决了某些成本和资源短缺的问题，而这些问题在疫情暴发时可能会带来麻烦。用于疟疾治疗的青蒿素在实验室中的合成，就是合成生物学在此用途上的一个很好范例。

7 总结与建议

在合成生物学到来之前，生物武器就已经是确定存在的事实。但是，合成生物学使潜在威胁范围变得更广，因此使疫情的防范准备及应对工作变得复杂。传统微生物学时代存在的武器化的主要阻碍和瓶颈已经被克服，例如将非常大的DNA片段从一个有机体转移到另一个有机体这一技术阻碍，还包括可编码复杂病原体的整个遗传途径的技术难题。这些生物技术手段的不慎使用、出于加害目的的故意使用，都会扩大病原体宿主范围，使多样化表达的毒素进入新的有机体内。不仅仅把病原体作为安全风险的一种手段，还把DNA代码本身视作潜在的安全风险，是我们当前生物安全制度中的一种理念，尤其体现在微生物管理条例的制定方面；与这种理念相比，更应该。密码既可被操控，也可从一个有机体传递到另一个有机体。由于合成生物学，出于加害目的的基因编码操控（如对微生物组的操控）将成为新的挑战。

全球疫情流行所造成的灾难规模可以归结为一场与时间的赛跑，这体现在：能够以多快的速度准确识别病原体，能以多快的速度重新选定或创制医疗对策，并以多快的速度进行生产和部署，从而防止疾病传播并拯救生命。尽管合成生物学正在使可能导致灾难性生物事件的威胁范围扩大（美国国家科学院、工程院和医学院，2018年），但无论病原体是自然产生的还是经过改造的，情况都取决于疫情防控工作与时间的赛跑。然而，合成生物学也可以在疫情期间节省宝贵的时间，通过降低成本、易化使用方式加快诊断速度、改进诊断质量，创建出具有更大效用、对策不断改进的平台，以应对多种生物威胁。但是，能否意识到这一发展之中的学科带来的益处，取决于是否有平行的、配套的复杂数据标准和数据管理体系，对研究工具和数学建模（MCM）的发展实施掌控。这些必备要素现在就应建立起来，这样在需要的时候，合成生物学就能发挥最大的作用了。

在一个科学进步不断加速的时代，很多技术手段可能具有双重用途，美国国家科学院的报告不但对"威胁不断扩大"的警报做出有力的反击，而且帮助防御分析专家做好应对工作，理顺优先次序。并非每一项科学发现都能降低生物武器的研发门槛。NASEM报告中的框架对于分析未来的威胁非常重要，因为它提供了一种工具来分析新兴科学发现和该领域发展对安全的影响,这样讲并不夸张。报告中指出的瓶颈和障碍为研究新的科学进展提供了一个良好的起点,应该作为生物防御工作的基础。

最后,重要的是,国防政策及其实施不可以试图针对合成生物学的发展加以限制:这些技术主要由私营单位提供资金,并在全球范围内开发和利用,因此限制其发展的努力可能适得其反,使防御系统更容易受到合成生物学的威胁。相反,有必要开发更多的合成生物学工具,这些工具将有助于应对自然发生或人为造成的新型流行病。这些工具的开发和使用多种多样,不幸的是,大量传染病没有良好的医疗诊断和/或医疗对策,私营部门也没有巨额投资,使这些传染病可以作为工具研发的典型示例。此类举措应该被视作有意扩大生物安全领域中有益而积极地利用合成生物学工具的好机会。合成生物学的工具确实有被滥用的可能,使应对能力停滞不前,但这些工具也可以帮助建立健全应对能力,有助于迅速避免灾难。前者值得警醒,后者却需加强,以强化我们的应对能力。

参 考 文 献

Asokan A, Samulski RJ (2013) An emerging adeno-associated viral vector pipeline for cardiac gene therapy. Hum Gene Ther 24 (11):906-913

Cello J, Paul AV, Wimmer E (2002) Chemical synthesis of poliovirus cDNA: generation of infectious virus in the absence of natural template. Science 297 (5583):1016-1018

Chyba C, Austin W (2016) PCAST letter to the president on action needed to protect against biological attack. President's Council of Advisors on Science and Technology (PCAST)

Courbet A, Renard E, Molina F (2016) Bringing next-generation diagnostics to the clinic through synthetic biology. EMBO Mol Med 8 (9):987-991

Gibson DG, Glass JI, Lartigue C et al (2010) Creation of a bacterial cell controlled by a chemically synthesized genome. Science 329 (5987):52-56

Goins WF, Hall B, Cohen JB, Glorioso JC (2016) Retargeting of herpes simplex virus (HSV) vectors. Curr Opin Virol 21:93-101

Inglesby T (2018) The problem of horsepox synthesis: new approaches needed for oversight and publication review for research posing population-level risks. The Bifurcated Needle 2018

Jackson SA, Kralj JG, Lin NJ (2018) Report on the NIST/DHS/FDA workshop: standards for pathogen detection for biosurveillance and clinical applications. NIST (6 Apr 2018)

Kennedy D (2005) Better never than late. Science 310 (5746):195

Koblentz GD (2018) A critical analysis of the scientific and commercial rationales for the De Novo synthesis of Horsepox Virus. mSphere 3 (2)

Kouadio KI, Clement P, Bolongei J, et al (2015) Epidemiological and surveillance response to Ebola virus disease outbreak in Lofa County, Liberia (Mar-Sept 2014); Lessons Learned. PLoS Curr 7

Kupferschmidt K (2018) Critics see only risks, no benefits in horsepox paper. Science 359 (6374):375-

376

McMullan LK, Flint M, Chakrabarti A et al (2018) Characterisation of infectious Ebola virus from the ongoing outbreak to guide response activities in the Democratic Republic of the Congo: a phylogenetic and in vitro analysis. The Lancet Infect Dis

National Academies of Sciences, Engineering, and Medicine (2018) Biodefense in the age of synthetic biology. The National Academies Press, Washington, DC

National Academies of Sciences, Engineering, and Medicine, Division on Engineering et al (2018) Biodefense in the age of synthetic biology. National Academies Press (US), Washington (DC). Copyright 2018 by the National Academy of Sciences. All rights reserved

National Research Council (U.S.) (2004) Committee on research standards and practices to prevent the destructive application of biotechnology. Biotechnol Res Age Terrorism (National Academies Press, Washington, DC)

Neumann G, Watanabe T, Ito H, Watanabe S, Goto H, Gao P, Hughes M, Perez DR, Donis R, Hoffmann E, Hobom G, Kawaoka Y (1999) Generation of influenza A viruses entirely from cloned cDNAs. Proc Natl Acad Sci USA 96 (16):9345-9350

Noyce RS, Lederman S, Evans DH (2018) Construction of an infectious horsepox virus vaccine from chemically synthesized DNA fragments. PLoS One 13 (1):e0188453 (2018)

Patel P (2016) Paper diagnostic tests could save thousands of lives. Sci Am

Schoch-Spana M, Cicero A, Adalja A et al (2017) Global catastrophic biological risks: toward a working definition. Health Secur 15 (4):323-328

Tumpey TM, Basler CF, Aguilar PV et al (2005) Characterization of the reconstructed 1918 Spanish influenza pandemic virus. Science 310 (5745):77-80

van Tongeren SP, Roest HIJ, Degener JE, Harmsen HJM (2014) *Bacillus anthracis*-like bacteria and other *B. cereus* group members in a microbial community within the international space station: a challenge for rapid and easy molecular detection of virulent *B. anthracis*. PLoS One 9 (6):e98871

Venkateswaran K, Singh NK, Sielaff AC et al (2017) Non-toxin-producing *Bacillus cereus* strains belonging to the *B. anthracis* clade isolated from the international space station. mSystems 2 (3):e00021-00017

Venter JC, Gibson D (2010) How we created the first synthetic cell. The Wall Street J (Opinion) (26 May 2010)

Warrick J (2006) Washington post staff W. custom-built pathogens raise bioterror fears: FINAL Edition. The Washington Post. Newspaper Article A.1

Wertz GW, Perepelitsa VP, Ball LA (1998) Gene rearrangement attenuates expression and lethality of a nonsegmented negative strand RNA virus. Proc Natl Acad Sci U S A 95 (7):3501-3506

Wimmer E (2006) The test-tube synthesis of a chemical called poliovirus. EMBO reports 7 (SI): S3-S9

第八章

为缓解灾难性生物风险及其影响，公私合作是重中之重

Ryan Morhard

目　录

摘要　根据定义，全球灾难性生物风险（GCBR）是指"超出了各国政府、国际组织及私人机构携手应对的能力"的风险。这一定义隐含的意思是，没有一个国家、部门或实体能够独自有效地减轻GCBR的影响，为达此目的需要公私合作。这篇简短的评论列出了五个趋势，表明合作的条件是有利的，同时还提出了三项有待填补的空白，以及五项加强公私合作以减轻GCBR风险和影响的高级别建议。

1　引言

　　根据定义，GCBR是指"超出了各国政府、国际组织及私人机构携手应对的

R. Morhard

世界经济论坛：全球健康和保健产业（瑞士，科洛尼）

e-mail: Ryan.Morhard@weforum.org

Current Topics in Microbiology and Immunology（2019）424：121-128 https://doi.org/10.1007/82_2019_180

能力"的风险①。

这一定义隐含的意思是，没有一个国家、部门或实体能够独自有效地减轻GCBR的影响，为达此目的需要公私合作。

这篇简短的评论列出了五个趋势，表明合作的条件是有利的，同时还提出了三项有待填补的空白及五项加强公私合作以减轻GCBR风险和影响的高级别建议。

2　背景：为了全球卫生安全进行公私合作

尽管GCBR远远超越了集体应对能力，但公私合作在普遍加强卫生安全方面仍发挥着越来越重要的作用（图8-1）。

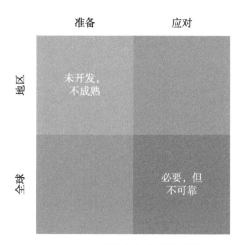

图8-1　为了全球卫生安全进行公私合作

概括说来，全球卫生安全方面，公私合作在全球应对层面上很必要却不可靠，在地区准备方面未开发且不成熟。

在这两种情况下，有意识的持续不断的干预行动，肯定有助于应对GCBR。此类干预行动的特征包括如下趋势、空白和推荐意见。

2.1　五个趋势，表明合作的条件是有利的

虽然公私合作在防范准备及应对上都存在挑战，但下列五个趋势表明，在疫情风险面前更强有力的合作是可以达成的。

---

① Schoch-Spana et al.（2017）.

2.1.1　疫情所致经济影响和社会解体风险正在加大

疫情的暴发导致重大经济损失。总的来说，每年全球中度到重度传染病造成的支出约为5700亿美元，占全球收入的0.7%——这一支出与应对气候变化的支出规模相当[①]。引人注意的是，数字表明，疫情造成的经济损失中只有39%与感染者所受直接影响有关[②]。相反，大部分费用花在健康人寻求行为改变以规避感染，这表明我们有充分机会来缓解疫情。

事实上，虽然医疗和公共卫生的进步确实帮助我们控制了流行病的发病率和死亡率，但传染病危机所致社会经济影响的群体脆弱性似乎正在升高[③]。

例如，2003年暴发的非典型肺炎给全球经济造成了500多亿美元的损失，感染了大约8000人，造成的死亡人数却不到800人[④]。同样，在2015年韩国暴发中东呼吸综合征（MERS）期间，虽然只有不到200人感染，38人死亡，但将近17 000人被隔离，估计花费85亿美元[⑤]。令人难以置信的是，2014～2015年埃博拉病毒病暴发期间仅有西非三国受到影响，但花费估计达到了530亿美元[⑥]。

2.1.2　大公司的运营风险过大，不能忽略

对宏观经济影响的估计有可能掩盖社区所受真实影响[⑦]。例如，2009年H1N1流感大流行对墨西哥旅游经济的影响估计为50亿美元，对公司和社区的影响远超大多数疫情所致影响。

诸如公司员工所处地域、客户群和供应链，以及业务的性质和结构等因素，尽管在企业的风险考虑中很少被强调，但这些因素可以为评估疫情应对工作中的脆弱性提供信息。

另外，因为新兴市场在持续增长的全球经济中不断涌现，所以跨国公司为规避疫情暴发导致经济崩溃，在疫情的应对工作方面越来越依赖相对薄弱的公众卫生基础设施。

---

① Fan et al.（2016）.

② Jonas（2013）.

③ Sands et al.（2016）.

④ Panicking only makes it worse：Epidemics damage economies as well as health. The Economist. 16 August 2014. https：//www.economist.com/international/2014/08/16/panicking-only-makes-it-worse.

⑤ Oh et al.（2018）.

⑥ Huber et al.（2018）.

⑦ Outbreak Readiness and Business Impact：Protecting Lives and Livelihoods across the Global Economy. The World Economic Forum，in collaboration with the Harvard Global Health Institute. January 2019.

2.1.3 私营单位领导人所担负减轻疫情风险的责任越来越大

尽管在"和平时期"，几乎不可能将全球卫生安全纳入议程；但在疫情危机期间，公共部门和媒体的领导人通常会呼吁并期望大型私营单位领导者作出贡献。

社会大众和劳动者也看到了私营单位的作用。根据爱德曼信任晴雨表[①]，预计9家私营公司会改善所在社区的经济社会状况。此外，在全球范围内，"我的雇主"比非政府组织、企业、政府和媒体更受信任。

相应地，私营单位和公共事业一样，既容易受到全球卫生安全性中弱点的伤害，也要在某种程度上对这一弱点负责。

2.1.4 有效的公私合作的积极范例越来越多

传统上，根据《未来流行病风险和影响的管控：公私合作的选择》一文[②]，私营单位对全球卫生安全的贡献有三种基本类型：

*（1）国内运营商：*这个多元化的团队包括各种规模的跨国公司和当地公司。他们走到一起的原因，是他们身处疫情受累国家之内，由此产生与社区的联系，并基于业务连续性利益而采取行动。

*（2）具备专业能力的公司：*这些公司的特点是，他们的业务能力在卫生应对工作的核心方面具有独特性和重要性。无论疫情暴发地点或性质如何，都需要他们的专业技能或服务来遏制危机。

*（3）大型私营单位贡献者：*一大批国际和国内私营公司往往基于公司的社会责任或领导人的推动而参与进来。这一群体在何时加入工作、工作多长时间及贡献多少方面，可能有很大差异。

为做扼要说明，本文列出公私合作示例如下：全球疫苗免疫联盟（GAVI），也称疫苗联盟，此联盟是致力于增加贫穷国家免疫接种机会的全球公私卫生伙伴关系；流行病防范创新联盟（CEPI），是一家公私联盟，旨在通过加快疫苗的研发，来遏制流行病；流行病防备加速器，是一个公私合作应对挑战的项目，对全球应对至关重要；全球卫生安全议程私营部门圆桌会议（PSRT），是一项动员工业界帮助各国实施全球卫生安全议程的倡议；流行病防备和应对联盟（A4EPR），是一个私营部门参与的创新平台，由尼日利亚私营部门卫生联盟（PHN）和尼日利亚疾病控制和预防中心组成。

上述公私合作经验表明，有很多机会来优化公私合作。

---

① 2019 Edelman Trust Barometer. https：//www.edelman.com/trust-barometer.

② Managing the Risk and Impact of Future Epidemics：Options for Public-Private Cooperation. The World Economic Forum. June 2015. https：//www.weforum.org/reports/managing-risk-and-impact-future-epidemics-options-public-private-cooperation.

2.1.5 公私合作对于有效全球应对至关重要

公私合作优化的机会良多，这个趋势表明，公私合作有利于减轻流行病及GCBR的影响，公私合作对于有效的全球应对至关重要。

事实上，在全球应对方面，有几个要素依赖于公私合作，包括：与供应链和物流有关的能力、医学对策、数据创新、差旅、过境和人员流动、财经、通信等。

特别是，有效减轻与卫生紧急情况相关的经济和社会干扰，需要进行公私合作。

2.2 为强化公私合作，需要填补的三项空白

在加强公私合作以促进全球卫生安全方面，已付诸巨大努力，迄今取得的进展意义重大且相当不易。因此，我们谨提出以下空白，只为进一步发展。

2.2.1 事实证明，公私部门之间的误解是有害的

正如危险和机遇共存，公共部门和私营单位之间在认知上往往存在欠缺。同时，对各自价值观、能力和局限性的认识仍然不够充分。

公私合作在哪些方面最能发挥恰如其分的作用？这种合作能否克服公共投资缺点？在多大程度上可以克服？这些方面仍存在不确定性。令人遗憾的是，因情况不明了、精力被误用、期望有错置，公私关系最终会在随之而来的紧急情况面前受到考验。

公私合作努力中的任何偏差都可能是有害的。最终的结局是：无效的合作会驱走或压倒原本是善意的利益相关者、损害其名誉、引起怀疑、使其精力耗尽。

2.2.2 缺乏合作的证据基础和工具

尽管公共部门自身在疫情防范准备方面的投资普遍不足[①]，但公私合作提供了一条通往完善防范准备的路径。然而事实证明，防备方面的合作困难重重。

虽然有利益共享的普遍共识，但公私合作在防备方面的最佳作用体现在何处仍不清楚。利用公私合作的机会做好防备工作，需要更准确地界定适当且可实现的合作应在"何时"、"何地"、由"谁"进行。

另外，在应对方面，虽然取得了显著的成功，但合作通常是临时性的，仅限于传统合作伙伴，而且主要是在疫情发生实质性演变之后才予以启动。这种合作

---

① Global Preparedness Monitoring Board：World at Risk 2019 Annual Report. https：//apps. who.int/gpmb/annual_report.html.

也普遍面临沟通和协调方面的不确定性的挑战。

除了进一步澄清"需求信号"外，还需要给予指导并提供工具，从而对开展合作的方式加以支持。如果没有指导和工具，公共部门的合作请求往往过于模糊和分散，私营单位的贡献则太过缺乏重点和受供应驱动。

2.2.3　公私单位之间的不信任仍是一个阻碍

期望未得到满足或未予以澄清，潜力未加以实现，以及对合作的正式、非正式限制，已经造成了紧张局势，公共部门和私营部门之间的合作越来越谨慎而有保留。

此外，各部门之间已形成一种不良态势。这种不良态势掩盖了需要未得满足的现状，也掩盖了真实的弱点，同时引发自满情绪，并在某种程度上滋生了对形势的恐惧和彼此间的怨恨。在这种动态过程中，公共部门冒着过度简化的巨大风险，明明在防范风险方面准备不足且犹豫不决，却故意淡化；私营部门则高估了自己在危机中提供服务的能力。

也许是寄希望于"真正的威胁永远属于未来"这一委婉的想法，当面对具有挑战性的责任、有限的资源、总是处于较低水平的公共需求时，公共部门和私营单位与其被预期的卫生危机击败，不如毫无保留地表明自己目前在缓解疫情能力上存在哪些不足。

2.3　五项加强公私合作以保障全球卫生安全的建议

2.3.1　优先考虑必要的公私合作，以利于全球应对

加强应对工作所依赖的公私合作，不仅填补了业务空白，还建立了信任，并成为地方和区域准备工作的基础和途径。更普遍地实现全球卫生安全合作的收益，取决于成功开展公认的对全球应对至关重要的合作项目。

2.3.2　提出理由，构建合作工具，以利于疫情的防范准备

只有在有说服力的、审慎阐明的、有公司特定和国家特定的理论基础、有执行力的督导和工具都落实到位的情况下，利用公私合作来进行国家防范准备才可能实现。

2.3.3　公私合作方面，要鼓励采用"团队化"的方法

一般而言，"团队化"合作（即超过1家公司：1个或多个政府部门）可能更具准确性和可持续性。理想的规划是激励包容性，并有能力随着时间的推移接纳更多的参与者。

2.3.4　以降低疫情的经济社会影响为重点

《国际卫生条例》（IHR）的首要考虑是，既要把公共卫生风险降至最低，又要避免对国际交通和贸易造成不必要的干扰[①]。而全球卫生安全倡导者则从疫情带来的经济风险的角度进行了论证。此外，经济或政治因素（而非流行病学）往往是疫情应对的主要驱动因素[②]。然而，致力于减少流行病对经济和社会的影响的努力往往没有得到优先考虑，即使不这样做会削弱防范准备和疫情应对投资背后的价值主张。

在一个面对疫情风险的新时代[③]，重视国家的经济和人民的生命是成功应对疫情的先决条件，这样做有利于公私合作。

2.3.5　建立部门间信任

为在上述领域和公私合作方面取得进展，通常需要增进了解，并建立部门间信任。若情况允许，双方都将受益于长期增进的了解和信任，在交流初期鼓励彼此诚挚沟通，就双方优先事项"少说多做"。

3　结论

既然全球灾难性生物风险（GCBR）是指"超出了各国政府、国际组织及私人机构携手应对的能力"的风险，上述部门之间进行有效合作，就是缓解疫情及其影响的关键举措。寻求并实现这种合作，应被列入提高全球灾难性生物风险准备的其他优先事项中。

本章仅为作者本人观点，不代表任何机构或部门的观点。

参 考 文 献

Fan VY, Jamison DT, Summers LH (2016) The inclusive cost of pandemic influenza risk (No. w22137). National Bureau of Economic Research

Fidler DP (1998) Microbialpolitik: infectious diseases and international relations. Am Univ Int Law Rev 14:1

Huber C, Finelli L, Stevens W (2018) The economic and social burden of the 2014 Ebola outbreak in

---

[①] International Health Regulations（2005）. World Health Organization.

[②] Fidler（1998）.

[③] The Global Risks Report 2019. The Transformation of Biological Risks. The World Economic Forum.

West Africa. J Infect Dis 218 (suppl_5):S698-S704

Jonas OB (2013) Pandemic risk. World Bank, Washington, DC. © World Bank. https://openknowledge.worldbank.org/handle/10986/16343. License: CC BY 3.0 IGO

Oh MD, Park WB, Park SW, Choe PG, Bang JH, Song KH, Kim ES, Kim HB, Kim NJ (2018) Middle East respiratory syndrome: what we learned from the 2015 outbreak in the Republic of Korea. Korean J Intern Med 33 (2):233

Sands P, El Turabi A, Saynisch PA, Dzau VJ (2016) Assessment of economic vulnerability to infectious disease crises. Lancet 388 (10058):2443-2448

Schoch-Spana M, Cicero A, Adalja A, Gronvall G, Kirk Sell T, Meyer D, Nuzzo JB, Ravi S, Shearer MP, Toner E, Watson C (2017) Global catastrophic biological risks: toward a working definition. Health Secur 15 (4):323-328